Vertrieb:
VCH Verlagsgesellschaft, Postfach 1260/1280, D-6940 Weinheim (Federal Republic of Germany); USA und Canada: VCH Publishers, 303 N.W. 12th Avenue, Deerfield Beach FL 33442-1705 (USA)

ISBN: 3-527-15239-3

Enzyme

Biochemie, Pathobiochemie, Klinik, Therapie

von Ronald Zech und Götz F. Domagk

edition medizin

VCH

Prof. Dr. med. Ronald Zech
Prof. Dr. med. Dipl.-Chem. Götz F. Domagk
Abteilung für Enzymchemie
Biochemisches Institut [Fachbereich Medizin]
Humboldtallee 23
D-3400 Göttingen

In diesem Buch enthaltene Dosierungsangaben wurden mit aller Sorgfalt überprüft. Dennoch übernehmen Autoren und Verlag – auch im Hinblick auf mögliche Druckfehler – keine Gewähr für die Richtigkeit. Dem Leser wird empfohlen, sich vor einer Medikation in jedem Fall über Indikationen, Kontraindikationen und Dosierung anhand des Beipackzettels oder anderer Unterlagen des Herstellers zu unterrichten. Das gilt insbesondere bei selten verwendeten oder neu auf den Markt gekommenen Präparaten.

CIP-Kurztitelaufnahme der Deutschen Bibliothek:

Zech, Ronald: Enzyme: Biochemie, Pathobiochemie, Klinik, Therapie / von Ronald Zech u. Götz Domagk. – Weinheim; Deerfield Beach, Fl.: Edition Medizin, VCH, 1986.
ISBN 3-527-15239-3

NE: Domagk, Götz F.:

Satz und Druck: Colordruck Kurt Weber GmbH, D-6906 Leimen
Bindung: Wilhelm Osswald + Co., D-6730 Neustadt
Printed in the Federal Republic of Germany

Inhalt

	Anstelle eines Vorworts	VII
1	Zur Geschichte	1
2	Zur Nomenklatur und Systematik	13
3	Enzymaktivität und -einheiten	21
4	Präparation und Stabilität	37
5	Coenzyme und Cofaktoren	45
6	Spezifität und Mechanismus der Enzymwirkung	53
7	Enzymkinetik	61
8	Enzyme in der Diagnostik	87
9	Homologe Enzyme	97
10	Regulation von Enzymaktivitäten	101
11	Begrenzte Proteolyse als Regulationsprinzip	111
12	Enzymsynthese und Enzymabbau	121
13	Enzymhemmung	125
14	Proteasen und Proteasehemmer	139
15	Pathophysiologische Bedeutung von Enzymen und Enzyminhibitoren	145
16	Therapie mit Enzymen, Aktivatoren und Hemmstoffen	153
	Glossar	159
	Literatur	179
	Register	182

Anstelle eines Vorworts

Ärzte sehen sich in ihrer praktischen und wissenschaftlichen Tätigkeit immer wieder mit Problemen und Begriffen der Enzymologie konfrontiert. Pathophysiologie, Pathobiochemie und klinische Chemie sind Säulen moderner Diagnostik und therapeutischer Strategien, sie bedienen sich dabei weitgehend enzymologischer Grundlagen. Enzymologie ist heute eine praktisch und theoretisch eminent wichtige medizinische Wissenschaft. Die vorliegende Einführung soll dem Mediziner Hilfe und Orientierung bei der Auseinandersetzung mit medizinisch-enzymologischen Fragen sein.

Die Zusammenstellung beruht auf Erfahrungen der Autoren in mehr als zwanzig Jahren gemeinsamer Tätigkeit in Lehre und Forschung, in Ausbildung und Weiterbildung von Medizinstudenten, Doktoranden, Assistenten und Fachärzten. Naturgemäß werden nicht alle Kapitel für den jeweiligen Leser von gleichem Interesse sein. Die einzelnen Themen wurden daher so abgehandelt, daß sie auch ohne Vorkenntnis zu verstehen sind. Es wird dem Leser empfohlen, die ihn weniger interessierenden Kapitel zu überblättern und außer der Reihe ihn mehr interessierende Themen zu lesen.

Der Bayer AG danken wir für die tatkräftige Unterstützung bei der Gestaltung des Manuskripts, dem Verlag sei gedankt für das verständnisvolle Eingehen auf die Wünsche der Autoren. Unser Dank gilt aber auch der edition medizin, insbesondere Frau Silvia Osteen und Frau Myriam Nothacker, für die gute Zusammenarbeit und die sachgerechte Ausstattung des Buches.

Dem Leser wünschen wir, daß die Beschäftigung mit den hier erörterten Problemen ihm praktischen und theoretischen Nutzen bringen möge.

1 Zur Geschichte

oder
200 Jahre Forschung an und mit Enzymen – von der Proteolyse durch Magensaft zur diagnostischen und therapeutischen Nutzung der Enzyme

Die Geburtsstunde der experimentellen Enzymologie kann in das Jahr 1783 datiert werden. Lazzaro Spallanzani, italienischer Priester, Jesuit und Naturwissenschaftler, unternahm damals Versuche zur Verdauung von Fleischbrokken im Magen von Raubvögeln. Das Konzept seiner Versuche stammte von seinem französischen Freund und naturwissenschaftlichen Kollegen Réaumur (noch heute bekannt durch seine Temperaturskala), der dreißig Jahre vorher ähnliche Versuche begonnen hatte.

René Antoine Ferchaut de Réaumur,
1683–1757, Paris,
Techniker – Physiker – Naturwissenschaftler,
entwickelte die nach ihm benannte Temperaturskala;
bedeutender Entomologe

Lazzaro Spallanzani,
1729–1799, Pavia,
Jesuit – Priester – Biologe,
führte erstmals eine künstliche Befruchtung am Hund durch, um damit die damals gängigen Anschauungen der Urzeugung zu widerlegen.

Das Prinzip der Versuche von Réaumur und Spallanzani ist in Abb. 1.1 a dargestellt. In kleinen durchlöcherten Metallkapseln wurden in einer Falknerei Fleischstücke an Gabelweihen (Milan = Milvus milvus) und Bussarde (Buteo buteo) verfüttert. Die Raubvögel würgten nach einiger Zeit die Kapseln als unverdauliches Gewölle hervor – die Kapseln waren leer. Damit war die damals herrschende Vorstellung einer mechanischen Magenverdauung widerlegt. Durch dieselben Kapseln, gefüllt mit kleinen Schwämmchen, wurde Magensaft der Tiere gewonnen und seine Wirkung gegen Fleischstückchen auch in vitro nachgewiesen. Seit über 200 Jahren ist also die chemische Wirkung des Verdauungssekrets Magensaft bekannt: Wir nennen sie heute Proteolyse; das wirksame Enzym wurde als Pepsin bezeichnet.

a

Abb. 1.1. Versuche von Réaumur (1752) und Spallanzani (1783) zur Proteinverdauung. **a** Fleischbrocken wurden in durchlöcherten Metallkapseln an Gabelweihen und Bussarde verfüttert. Die nach 3 Stunden als Gewölle hervorgewürgten Kapseln waren leer: Proteolyse durch Magensaft. **b** Titelblatt der deutschen Publikation von Spallanzani mit den praktisch-medizinischen Anwendungen von Senebier

Die Arbeiten von Spallanzani wurden von D. C. F. Michaelis ins Deutsche übersetzt und 1785 von der Dykischen Buchhandlung in Leipzig verlegt (Abb. 1.1 b). Sie enthielten als Anhang die medizinisch hochinteressanten, noch heute modern und aktuell anmutenden klinischen Versuche von Jean Senebier.

Jean Senebier,
1742–1809,
Minister für kirchliche Angelegenheiten der Republik Genf, genialer, biochemisch ausgerichteter Naturwissenschaftler, befreundet mit Spallanzani.

b

Herrn Abt Spallanzani's

Versuche

über das

Verdauungs-Geschäfte

des

Menschen,

und

verschiedener

Thier-Arten;

nebst einigen Bemerkungen des

Herrn Senebier.

Uebersetzt und mit einem Register versehen

von

D. Christ. Friedr. Michaelis.

Leipzig,

im Verlage der Dykischen Buchhandlung.

1785.

Senebier benutzte tierischen Magensaft, um bei Patienten schlecht heilende Wunden und Geschwüre, z. B. Ulcera cruris, zu behandeln. Seine Fallbeschreibungen und Therapievorschläge entsprechen in heutiger Sicht voll der Wund- und Ulkustherapie durch Proteasekegel.

Lange wurde angenommen, daß der Salzsäure im Magensaft die entscheidende Rolle bei der Proteinverdauung zukomme. Der junge Theodor Schwann wies 1836 durch sehr elegante Experimente nach, daß die Magenverdauung ein ähnlicher Prozeß ist wie die alkoholische Gärung.

Theodor Schwann,
1810–1882,
Schöpfer der Zelltheorie, Entdecker des intrazellulären Stoffwechsels, prägte den Ausdruck „Metabolismus".

Schwann gelang es, aus Magensaft einen Stoff zu isolieren und anzureichern, der in sehr kleinen Mengen viel Eiweiß abbauen konnte, er nannte diesen Stoff Pepsin. Im selben Jahr 1836 entwickelte der schwedische Chemiker Berzelius seine Katalysatortheorie. Er definierte Katalysatoren als Reaktionsbeschleuniger, als Stoffe, die Reaktionen in Gang setzen, dabei aber nicht chemisch umgewandelt werden.

Jöns Jacob Freiherr von Berzelius
1779–1848

Berzelius (Abb. 1.2) übertrug seine Katalysatortheorie auf biologische Phänomene und schrieb hierzu: „Wir bekommen begründeten Anlaß zu vermuten, daß in den lebenden Pflanzen und Tieren Tausende von katalytischen Prozessen zwischen Geweben und Flüssigkeiten vor sich gehen und die Menge ungleichartiger Zersetzungen hervorbringen, die wir künftig vielleicht in der katalytischen Kraft des organischen Gewebes, woraus die Organe des lebenden Körpers bestehen, entdecken werden".

Abb. 1.2. J. J. Berzelius 1836: „... daß in den lebenden Pflanzen und Tieren Tausende von katalytischen Prozessen ..."

Berzelius hat damit nicht nur Bedeutung der Biokatalysatoren – der Enzyme – richtig vorausgesehen, sondern auch in deren Zahl lag er durchaus richtig: 1961 klassifizierte die Enzymkommission der Internationalen Biochemischen Vereinigung erstmals die verschiedenen Enzyme, die 1983 aktualisierte Aufstellung enthält nunmehr ca. 2 500 individuelle Enzyme (Abb. 1.3).

Louis Pasteur (1822–1895) untersuchte die mikrobielle Fermentation, die Gärung. Die für die Fermentatio verantwortlichen „Gärstoffe“ nannte er Fermente und unterschied dabei strukturgebundene oder organisierte Fermente, deren Wirkung strikt an lebende Zellen gebunden ist, von nichtstrukturgebundenen löslichen Fermenten, zu denen Pepsin und andere Verdauungsfermente gehören.

REPORT OF THE

Commission on Enzymes

of the

International Union of Biochemistry

1961

Commission on Enzymes

M. Dixon (United Kingdom) *President*
A. E. Braunstein (U.S.S.R.)
S. P. Colowick (U.S.A.)
P. A. E. Desnuelle (France)
W. A. Engelhardt (U.S.S.R.)
E. F. Gale (United Kingdom)
A. L. Lehninger (U.S.A.)
F. Lynen (Germany)
E. C. Webb (United Kingdom)
O. Hoffmann-Ostenhof (Austria) *Secretary*

Corresponding members

H. S. Davies (United Kingdom)
F. Egami (Japan)
L. F. Leloir (Argentina)

Pergamon Press
NEW YORK · OXFORD · LONDON · PARIS
1961

Abb. 1.3. Die Enzyme Commission (E. C.) führte 1961 eine verbindliche Nomenklatur und Systematik ein

Kühne, der Entdecker des Trypsins im Pankreassekret, prägte für die löslichen Fermente 1878 den Begriff Enzym.

Historische Definitionen:
Ferment:
Biokatalysator, strukturgebunden, unlöslich, untrennbar mit der lebenden Zelle verbunden
Enzym:
Biokatalysator, löslich, auch außerhalb lebender Zellen wirksam

1897 beendete anwendungsorientierte Forschung die Unterscheidung zwischen Fermenten und Enzymen.
Bei dem Versuch, zellfreie Hefeextrakte für den pharmazeutischen Gebrauch durch Zuckerzusatz zu konservieren, fiel den Brüdern Eduard und Hans Buchner auf, daß die zellfreien Hefeextrakte nach Zuckerzusatz Kohlendioxid und auch Alkohol entwickeln. Damit wurde erstmals gezeigt, daß ein so elementarer und komplexer biologischer Prozeß wie die alkoholische Gärung auch außerhalb lebender Zellen ablaufen kann.

Die Brüder Buchner nahmen noch an, daß nur ein Stoff, die sogenannte Zymase, für diesen Prozeß verantwortlich sei (Abb. 1.4 a–c). In der Folgezeit

a

Die Zymasegärung,

Untersuchungen über den Inhalt der Hefezellen und die biologische Seite des Gärungsproblems.

Aus dem hygienischen Institut der Kgl. Universität München und dem chem. Laboratorium der Kgl. landwirtsch. Hochschule zu Berlin

von

Eduard Buchner (Berlin) und **Hans Buchner** (München)

und

Martin Hahn (München).

München und **Berlin.**
Druck und Verlag von R. Oldenbourg.
1903.

wurde dann gezeigt, daß 12 verschiedene Enzyme nacheinander in Einzelschritten den Zucker Glucose in Äthylalkohol und Kohlendioxid umwandeln. Die Erkenntnisse und die Methoden der Buchners haben ihre Bedeutung bis in unsere Zeit behalten, sie haben die lange Ära der vitalistischen Vorstellungen beendet und das Zeitalter der Enzymologie als Basis der gesamten Biochemie eingeläutet.

Die Natur der der Enzymwirkung zugrunde liegenden Stoffe war lange Zeit heftig umstritten. Bereits Traube vermutete 1878, daß Fermente Proteine seien.

Sörensen untersuchte 1909 die pH-Abhängigkeit von Enzymen, er schloß aus seinen Ergebnissen auf eine Proteinnatur der Enzyme.

Sumner gelang es dann 1926, das Enzym Urease zu kristallisieren und die Kristalle als Protein zweifelsfrei zu identifizieren.

Viele Enzyme sind in der Folgezeit gereinigt und in kristallisierter Form erhalten worden, wobei sich die unterschiedlichsten Kristallformen ergaben (Abb. 1.5 a–c).

Noch bevor Gewißheit über die stoffliche Natur der Enzyme bestand, veröffentlichten Michaelis und Menten 1913 ihre Untersuchungen über die Abhängigkeit der enzymatischen Umsatzgeschwindigkeit von der Substratkonzentration. Sie fanden, daß bei enzymkatalysierten Reaktionen eine Erhöhung der

b

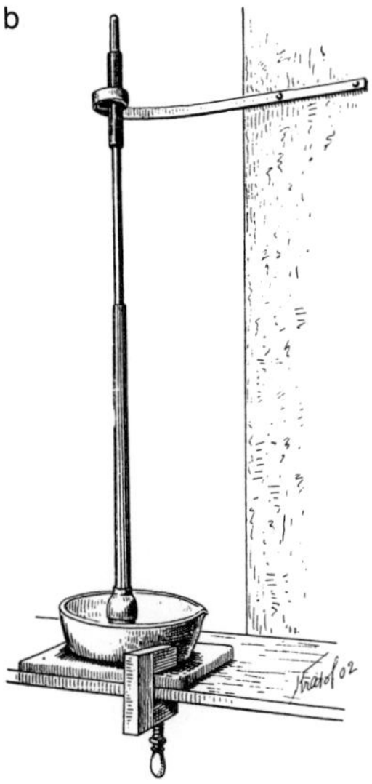

Fig. 1. Zerreibungsvorrichtung.

c

Fig. 4. Die hydraulische Presse.

Abb. 1.4. a–c. Der Hefezellaufschluß nach Buchner zählt seit 80 Jahren zu den Standardverfahren der Enzymologie

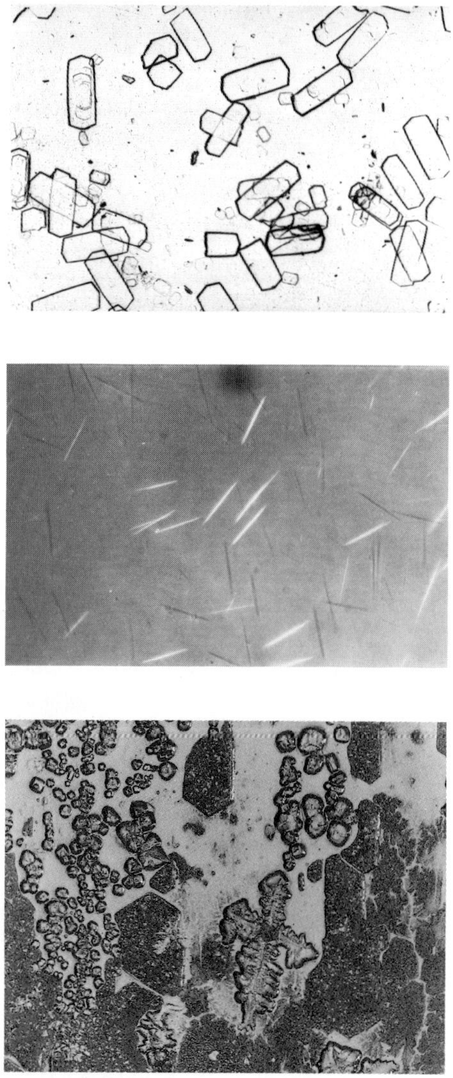

Abb. 1.5. a–c. Enzymkristalle. **a** Fruktosebisphosphataldolase (Rindermuskulatur) **b** Glucose-6-phosphat-Dehydrogenase aus Candida utilis, **c** Kallikrein-Kristalle

Substratkonzentration zu einem Anstieg der Umsatzgeschwindigkeit führt, wobei sich die Geschwindigkeit asymptotisch einem Grenzwert, der sogenannten Maximalgeschwindigkeit (V_{max}), nähert.

Michaelis und Menten schlossen daraus, daß für die Enzymreaktion eine Anlagerung des Substrats an das Enzym zum Enzym-Substrat-Komplex erfolgen muß; erst aus diesem Komplex heraus erfolgt die Umwandlung zum Produkt (P) (Abb. 1.6).

$E + S \leftrightharpoons ES \rightarrow E + P$

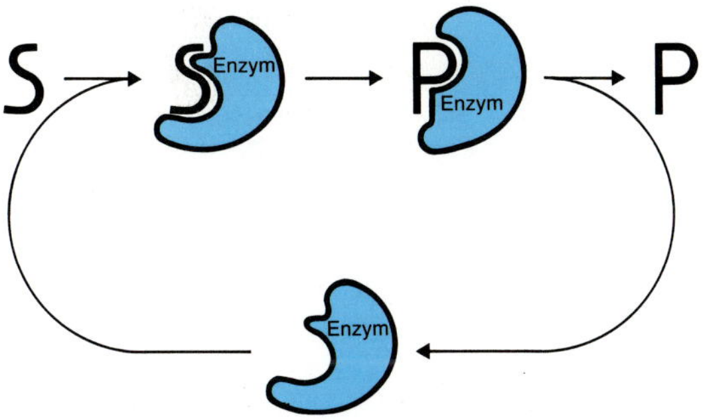

Abb. 1.6. Die Umsetzung des Substrates (S) zum Produkt (P) erfolgt im aktiven Zentrum der Enzyme als Enzym-Substrat-Komplex (ES) zum Enzym-Produkt-Komplex. Das Enzym geht aus dem katalytischen Kreisprozeß unverändert hervor

Ribonuklease

Eine Enzymstruktur wird aufgeklärt – ein Enzym wird aus der Retorte geboren

Mit der Verbesserung der analytischen Methoden in der Proteinchemie gelang es unabhängig voneinander 1959 Hirs und Mitarbeitern sowie der Gruppe um Anfinsen erstmalig, die Struktur eines Enzyms aufzuklären.

Ribonuklease ist ein in allen Zellen und allen Lebewesen vorkommendes Enzym, das den hydrolytischen Abbau von Nukleinsäuren katalysiert.

Am Aufbau der Ribonuklease sind 19 verschiedene Aminosäuren beteiligt. Die Reihenfolge (Primärstruktur oder Sequenz der Aminosäuren) zeigt Abb. 1.7 a. Lediglich die Aminosäure Tryptophan fehlt als Baustein der Ribonuklease.

Zum Aufbau der Enzyme werden 20 verschiedene Aminosäuren verwendet (Abb. 1.7); ihre Reihenfolge (Primärstruktur = Sequenz) bestimmt Form und Eigenschaften der Enzyme.

Zehn Jahre nach der Strukturaufklärung der Ribonuklease gelang es 1969 wiederum zwei Arbeitsgruppen gleichzeitig (Denkewalter et al. sowie Merrifield), erstmals dieses Enzym vollständig „in der Retorte“ zu synthetisieren.

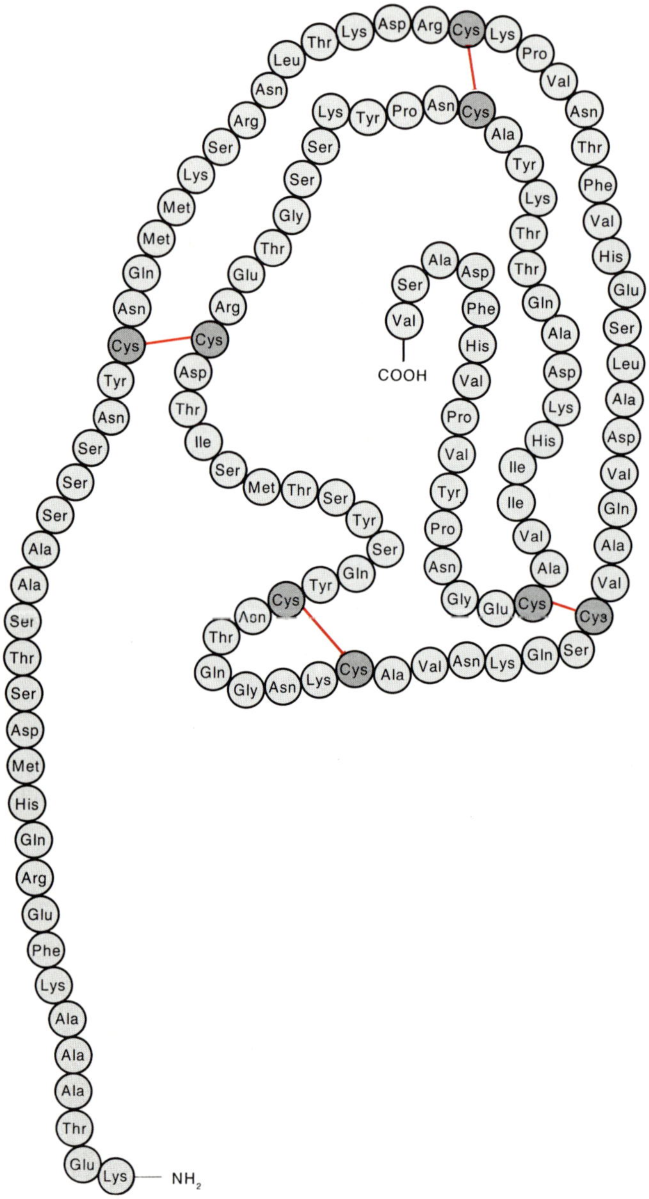

a

Alanin	Ala	12
Arginin	Arg	4
Asparaginsäure	Asp	6
Asparagin	Asn	9
Cystein	Cys	8
Glutaminsäure	Glu	5
Glutamin	Gln	7
Glycin	Gly	3
Histidin	His	4
Isoleucin	Ile	3
Leucin	Leu	2
Lysin	Lys	10
Methionin	Met	4
Phenylalanin	Phe	3
Prolin	Pro	4
Serin	Ser	14
Threonin	Thr	9
Tryptophan	Trp	0
Tyrosin	Tyr	7
Valin	Val	9

b

Abb. 1.7. a Das Enzym Ribonuklease ist aus 124 Aminosäuren aufgebaut. **b** Die am Aufbau eines Enzyms beteiligten 20 Aminosäuren

Angewandte Enzymologie ist so alt wie die Menschheit

Während vorstehend enzymologische Entdeckungen und Erkenntnisse vorwiegend als reine Wissenschaft, zweckfrei und nur dem Naturverständnis dienend, skizziert wurden, kommt dem Problem der praktischen Anwendung naturwissenschaftlicher Erkenntnisse im Falle der Enzyme eine mindestens ebenso große Bedeutung zu. Die praktische Anwendung enzymatischer Umwandlungsprozesse war auf empirischer Grundlage weit vor Réaumur und Spallanzani bekannt.

Seit den Urtagen der Menschheit ist die mikrobielle Vergärung von Zucker zu Alkohol durchgeführt worden. Die fermentative Umwandlung von Milch und Milchprodukten zu Käse und Getränken, und die Konservierung von Pflanzen durch fermentative Säuerung – z. B. Sauerkraut und Silage-Futter – sind ebenfalls uralt.

Die Neuzeit ist gekennzeichnet durch eine stürmische und gezielte Entwicklung der angewandten Enzymologie.

Im Alltag sei z. B. an die Verwendung von Enzymen in Waschmitteln erinnert. Die Anwendung von Enzymen in der Rückstandsbeseitigung von Ölprodukten und sonstigen Abfällen ist von großer Bedeutung.

Aus der Lebensmittelchemie sind Enzyme nicht mehr fortzudenken. Auch bei der Herstellung hochwirksamer Arzneimittel – wie z. B. verschiedener Steroide – spielen Enzyme eine wichtige Rolle. Der große Vorteil der Benutzung von Enzymen in technisch-chemischen Prozessen liegt einmal in ihrer Spezifität – es fallen im Idealfall keine unerwünschten Produkte an – und zum anderen in den schonenden Bedingungen: keine hohen Temperaturen, kein hoher Druck, kein Lärm, keine Säure oder Lauge, pH-Werte um den Neutralbereich.

Auch klinisch-chemische Analytik und Diagnostik sind heute nicht mehr ohne Enzyme durchführbar. 1908 führte Wohlgemuth mit der Amylasebestimmung im Urin zur Diagnose der akuten Pankreatitis das erste Enzym in die Klink ein. Heute ist man bemüht, die gesamte klinisch-chemische Diagnostik und Analytik auf Enzym-Methoden umzustellen, was schon zu über 90% erfolgt ist.

In der Enzymdiagnostik werden Enzymaktivitäten in Serum, Liquor, Urin und in Organproben oder histochemisch in Zellen und Geweben gemessen.

In der klinisch-chemischen Analytik werden enzymatisch Substrate und Metabolite bestimmt, z. B. Glucose, verschiedene Lipide, Kreatinin, Harnstoff, Harnsäure usw.

Auch in die Therapie haben Enzyme Einzug gehalten; klassisch ist hier die Anwendung bei Gerinnungsstörungen, Verdauungsinsuffizienz, Schock und Entzündungsvorgängen.

In den letzten Jahren wurden zunehmend gekoppelte Enzyme bzw. immobilisierte Enzyme in der Analytik und bei technischen Prozessen angewandt. An unlösliche Träger gebundene Enzyme können so mehrfach verwendet werden.

An Hormone, Antikörper und an Arzneimittel gebundene Enzyme markieren durch ihre enzymatische Aktivität die Moleküle und ersetzen so in den extrem empfindlichen Analyseverfahren die Verwendung radioaktiver Isotope zur Markierung, z. B. Enzym-Immuno-Assay (EIA) in Analogie zum Radio-Immuno-Assay (RIA).

2 Zu Nomenklatur und Systematik

oder
Von der Fermentatio zum Enzym und zur E. C.-Systematik

In ersten Beschreibungen von Enzymaktivitäten zu Beginn des 19. Jahrhunderts wurden Namen geprägt, die, auf die Endsilbe ...in endend, z. T. noch heute Verwendung finden: Pepsin, Trypsin, bzw. heute nur noch gelegentlich auftauchen: Ptyalin, Emulsin. In Anlehnung an dieses Nomenklaturverfahren wurden auch noch sehr viel später Enzyme entsprechend benannt: Thrombin, Fibrinolysin (Plasmin), Kallikrein, Renin.

Zu Zeiten Pasteurs wurden für die Gärung (Fermentatio) Gärstoffe (Fermente) verantwortlich gemacht.

Von Pasteur selbst wurden die Fermente in strukturgebundene, nur in lebenden Zellen wirksame Fermente, und in lösliche, auch außerhalb von Zellen wirksame Fermente, eingeteilt. Letztere erhielten dann von Kühne den Namen Enzyme.

Seit Buchner ist die Unterscheidung von Fermenten und Enzymen als unsinnig erkannt. Heute hat sich der Begriff Enzym endgültig durchgesetzt.

Enzyme sind katalytisch wirksame Proteine (Biokatalysatoren).

In den letzten 150 Jahren sind in immer kürzeren Zeitabschnitten immer mehr Enzyme entdeckt, beschrieben und benannt worden (Tab. 2.1). Heute sind ca.

Tabelle 2.1. In 150 Jahren sind 2 500 Enzyme entdeckt worden

Jahr	Zahl der bekannten Enzyme	
1831	1	(Leuchs 1831)
1856	4	(Corvisart 1856)
1930	80	(Haldane 1930)
1947	200	(Sumner 1947)
1957	660	(Dixon 1958)
1962	880	(Dixon 1964)
1968	1 300	(Barman 1969)
1972	1 770	(E. C. Report 1972)
1978	2 172	(E. C. Report 1978)
1984	ca. 2 500	(Karlson 1984, Mitglied der E. C., persönliche Mitteilung)

2 500 Enzyme bekannt, die in allen lebenden Organismen (Tieren, Pflanzen, Mikroorganismen)

Art
Richtung und
Intensität

des Stoffwechsels bestimmen.

Wegen häufiger Mehrfachbenennung wurde die Enzymnomenklatur zunehmend verwirrender. Eine erste Vereinfachung stellte vor ca. 100 Jahren der Vorschlag dar, die Namen aller Enzyme auf ...ase enden zu lassen und nach Möglichkeit diese Endsilbe an den Namen des umgesetzten Stoffes, also des Substrates, anzuhängen. Im Prinzip ist diese Regel heute noch gültig, Namen wie

Lipase
Amylase
Protease
Ribonuklease

sind so entstanden.

Ebenfalls schon vor fast 100 Jahren entdeckte Bertrand, daß bestimmte Enzyme zusätzlich niedermolekulare Stoffe zu ihrer Aktivitätsentfaltung benötigen. Er nannte diese Stoffe Coenzyme.

Coenzyme sind im Gegensatz zu den sehr hitzeempfindlichen Enzymproteinen hitzestabil; chemisch gehören sie häufig in die Stoffklasse der Nukleotide.

Die Coenzyme wurden häufig auch als prosthetische Gruppe der Enzyme bezeichnet.

Die Benennung der einzelnen Enzyme, ihrer Reaktionen und der benötigten Symbole, die Aktivitätsdefinitionen usw. wurden endgültig von der Enzyme Commission (E. C.) der International Union of Biochemistry (IUB) vereinheitlicht.

Als wichtige Voraussetzung wurden alle chemischen Reaktionen, die in lebenden Organismen vorkommen, in fünf Typen unterschieden (Abb. 2.1).

Entsprechend dem Typ der von ihnen katalysierten Reaktion wurden die Enzyme dann in Klassen eingeteilt.

Aus fünf Reaktionstypen wurden allerdings sechs Enzymklassen, weil alle Enzyme, die unter Energieverbrauch, also sozusagen „bergauf“, Reaktionen katalysieren, in einer 6. Enzymklasse zusammengefaßt wurden (Abb. 2.2). Die Energie für die Reaktionen stammt meist aus der Hydrolyse von Adenosintriphosphat (ATP).

1	Oxidation - Reduktion "Redox"	$AH_2 + B$	⇌	$A + BH_2$
2	Gruppenübertragung "Transfer"	$AB + C$	⇌	$A + CB$
3	Hydrolyse	$AB + HOH$	⇌	$AH + BOH$
4	Abspaltung - Anlagerung "Lysis - Synthese"	AB	⇌	$A + B$
5	Isomerisierung	ABC	⇌	CAB

Abb. 2.1. Alle chemischen Umsetzungen in lebenden Zellen können auf 5 Reaktionstypen zurückgeführt werden

Enzyme beschleunigen die Gleichgewichtseinstellung von chemischen Reaktionen. Gleichgewichte zwischen Reaktionspartnern können immer von zwei Seiten eingestellt werden. Daher sind auch alle enzymkatalysierten Reaktionen im Prinzip reversibel, was in den Abbildungen 2.1 und 2.2 durch umgekehrte Pfeile symbolisiert wird. Unter in-vivo-Bedingungen sind aber zuweilen die Konzentrationsverhältnisse von Substraten und Produkten derart, daß ein Enzym nur in eine Richtung, also unidirektional wirkt. Dies trifft in vivo und in vitro immer für die Hydrolasen zu: Alle Reaktionen verlaufen in wäßriger Lösung, und damit ist die Konzentration des Wassers als Reaktionspartner 55 mol/l und die hydrolasekatalysierten Reaktionen verlaufen immer in Richtung Spaltung.

1	Oxidoreduktasen	$AH_2 + B$	⇌	$A + BH_2$
2	Transferasen	$AB + C$	⇌	$A + CB$
3	Hydrolasen	$AB + H_2O$	⇌	$AOH + BH$
4	Lyasen (Synthasen)	AB	⇌	$A + B$
5	Isomerasen	ABC	⇌	BAC
6	Ligasen (Synthetasen)	$A + B + ATP$	⇌	$AB + ADP + P_i$

Abb. 2.2. Von der Enzyme Commission (E. C.) werden alle Enzyme nach dem Typ der von ihnen katalysierten Reaktion in 6 verschiedene Klassen eingeteilt

Verwirrend ist in der E. C.-Nomenklatur, daß die Lyasen auch als Synthasen (Gruppe 4) bezeichnet werden und für die Ligasen der ganz ähnliche Name Synthetasen (Gruppe 6) gebraucht werden kann.

Die sechs E. C.-Klassen sind durch ihre jeweils charakteristische Aktivität zu erkennen; eine kurze Beschreibung zeigt Tabelle 2.2. Innerhalb der sechs Enzymklassen werden nach der chemischen Natur der umgesetzten Substrate jeweils Unterklassen unterschieden (Tab. 2.3), und auch innerhalb dieser Unterklassen erfolgt nach verschiedenen Kriterien noch einmal eine systematische Unterteilung, sozusagen in Unter-Unterklassen. Bei den Oxidoreduktasen (Klasse 1) richtet sich z. B. die Zuordnung zu den Unter-Unterklassen nach der Natur des Elektronenakzeptors, z. B. der Coenzyme oder des O_2 usw. (Tab. 2.4).

Als letztes erfolgt die Einordnung eines jeden individuellen Enzyms an eine bestimmte Stelle in dem E. C.-System:

Klasse
Unterklasse
Unter-Unterklasse
individueller Standort.

Tabelle 2.2. Charakterisierung der 6 Enzymklassen

1	Oxidoreduktasen übertragen Elektronen (meist mit Protonen als Dehydrierung) von einem Donator auf einen Akzeptor, meist sind Coenzyme beteiligt.
2	Transferasen übertragen Molekülgruppen (Phosphat, Methyl, Äthyl, Amino u. a.) von einem Donator auf einen Akzeptor.
3	Hydrolasen spalten zusammengesetzte Verbindungen (Ester, Peptide, Glykoside und Säureanhydride) unter Einlagerung von Wasser.
4	Lyasen gelegentlich noch als „Synthasen“ bezeichnet, katalysieren den Zerfall eines Substratmoleküls in 2 Bruchstücke.
5	Isomerasen verändern 1 Substrat zu 1 Produkt durch intramolekulare Umlagerung.
6	Ligasen gelegentlich noch als „Synthetasen“ bezeichnet; unter Spaltung von „energiereichen Phosphatbindungen“ werden Reaktionen vom Gleichgewicht weg ermöglicht; energetische Schlüsselreaktion für Biosynthesen.

Tabelle 2.3. In den 6 Enzymklassen werden nach der chemischen Natur der Substrate Unterklassen gebildet

Klasse	Unterklassen	Umgesetzte Substrate
1 Oxidoreduktasen	1	Alkohole
	2	Carbonyle
	3	Kohlenwasserstoffe
	4	Aminogruppen
	usw. bis	
	17	
2 Transferasen	1	
	bis	
	8	
3 Hydrolasen	1	Ester
	2	Glykoside
	3	Äther
	4	Peptide
	usw. bis	
	11	
4 Lyasen	1	C-C-Bindungen
	usw. bis	
	6	P-O-Bindungen
5 Isomerasen	1	
	bis	
	5	
6 Ligasen	1	
	bis	
	5	

Tabelle 2.4. Auch die E. C.-Unterklassen werden noch einmal systematisch gegliedert: Unter-Unterklassen

Klasse
1

Oxidoreduktasen

Unterklasse
1

Alkohol-oxidierend

Unter-Unterklasse
(reagierend mit)

1	Nikotinamiden
2	Cytochromen
3	O_2

Klasse
3
Hydrolasen

Unterklasse
4
Peptidasen

Unter-Unterklasse

1	Aminopeptidasen
2	Carboxypeptidasen
3	Dipeptidasen
4	Endopeptidasen
bis	
24	Metalloproteinasen

In Tabelle 2.5 sind die Proteasen Pepsin, Trypsin, Chymotrypsin, Thrombin, Plasmin, Kallikrein und Elastase in dieser Weise eingeteilt, jeweils gekennzeichnet durch eine Zahl, wodurch dann jedes Enzym durch eine E. C.-Nummer aus vier Zahlen klassifiziert ist.

Die Enzymkommission der IUB ist eine permanente Einrichtung und klassifiziert jedes neu entdeckte Enzym, überprüft auch die bereits vorgenommene Klassifizierung und paßt ggf. alte Einteilungen neuen Erkenntnissen an. So wurde die Einteilung der Proteasen in Unter-Untergruppen jetzt (abweichend von Tabelle 2.5) nach dem Reaktionsmechanismus im aktiven Zentrum vorgenommen (Tabelle 9.1).

Tabelle 2.5. Jedes individuelle Enzym wird einer Klasse, Unterklasse und Unter-Unterklasse zugeordnet. Es enthält dann einen numerierten individuellen Standort

Klasse 3	Unterklasse 4	Unter-Unterklasse 4
Hydrolasen	Peptidhydrolasen	Endopeptidasen
Individuelle Enzyme	Pepsin	E. C. 3.4.4.1
	Trypsin	E. C. 3.4.4.4
	Chymotrypsin	E. C. 3.4.4.5
	Thrombin	E. C. 3.4.4.13
	Plasmin	E. C. 3.4.4.14
	Gewebe-Kallikrein	E. C. 3.4.21.8
	Plasma-Kallikrein	E. C. 3.4.21.8
	PMN-Elastase	E. C. 3.4.4.7

Die E. C.-Nr. jedes Enzyms besteht also aus vier Zahlen. Die Klasseneinteilung, gekennzeichnet durch die erste Zahl, geht entsprechend der Anzahl der Klassen von 1 bis 6. Schon bei der zweiten Zahl, den Unterklassen, können zweistellige Zahlen vorkommen; in den Unter-Unterklassen und individuellen Positionen können sogar dreistellige Zahlen vorkommen (Tabelle 2.6).

Tabelle 2.6. Jedes Enzym wird charakterisiert durch die E. C.-Nr., die aus 4 Zahlen für Klasse, Unterklasse, Unter-Unterklasse und individuellem Listenplatz besteht

Cortisoldehydrogenase	E. C. 1.1.1.151
Muraminpeptidcarboxypeptidase	E. C. 3.4.12.6
Kallikrein	E. C. 3.4.21.8
Glutathionperoxidase	E. C. 1.11.1.9

Die Enzymkommission hat die Enzymnamen systematisch aus den Namen der Substrate und ggf. dem der Coenzyme sowie aus dem Typ der Reaktion abgeleitet. Die Nomenklatur-Richtlinien führen teils zu sehr langen Systemnamen. Daher wurden Kurzformen bzw. z.T. historisch bedingte Trivialnamen parallel weiterhin beibehalten; Tabelle 2.7 zeigt einige Beispiele.

Tabelle 2.7. Für fast jedes Enzym gibt es neben der E. C.-Nr. und dem Systemnamen noch Kurznamen, sogenannte Trivialnamen

Code-Nr.	Kurzname	Systemname
E. C. 1.1.1.1	Alkoholdehydrogenase	Alkohol: NAD-oxidoreduktase
E. C. 2.7.1.1	Hexokinase	ATP: Hexosephosphotransferase
E. C. 3.1.1.3	Lipase	Glycerolesterhydrolase
E. C. 4.1.2.13	Aldolase	Fructose-1,6-bisphosphat: D-Glycerinaldehyd-3-phosphatlyase
E. C. 5.3.1.1	Triosephosphatisomerase	D-Glycerinaldehyd-3-phosphat-ketolisomerase
E. C. 6.4.1.1	Pyruvatcarboxylase	Pyruvat: Carbondioxidligase (ADP)

3 Enzymaktivität und Enzymeinheiten

oder
Schon Spallanzani hat vor 200 Jahren Enzymaktivitäten über die Abnahme des Substrats gemessen

Katalysatoren, und damit auch die Enzyme, beschleunigen Reaktionen, wobei sie aber nicht verbraucht werden, sondern den Reaktionskreisprozeß unverändert wieder verlassen. Damit ist häufig die Enzymmenge am Ort ihrer Wirkung relativ klein und entzieht sich meist einem direkten Nachweis. So wurden seit ihrer Entdeckung Enzyme stets über ihre Wirkung nachgewiesen, untersucht und gemessen. Tatsächlich ist letzten Endes auch nur die Wirksamkeit und die Aktivität eines Enzyms von Interesse und nicht so sehr die Menge des Enzymproteins, die für diese Aktivität verantwortlich ist.

So hat bereits Spallanzani die fleischverdauende Wirkung des Magensaftes im Reagenzglas nachgewiesen, indem er in Abhängigkeit von der Zeit das Gewicht der Fleischbrocken nach Inkubation mit Magensaft bestimmte (Abb. 3.1).

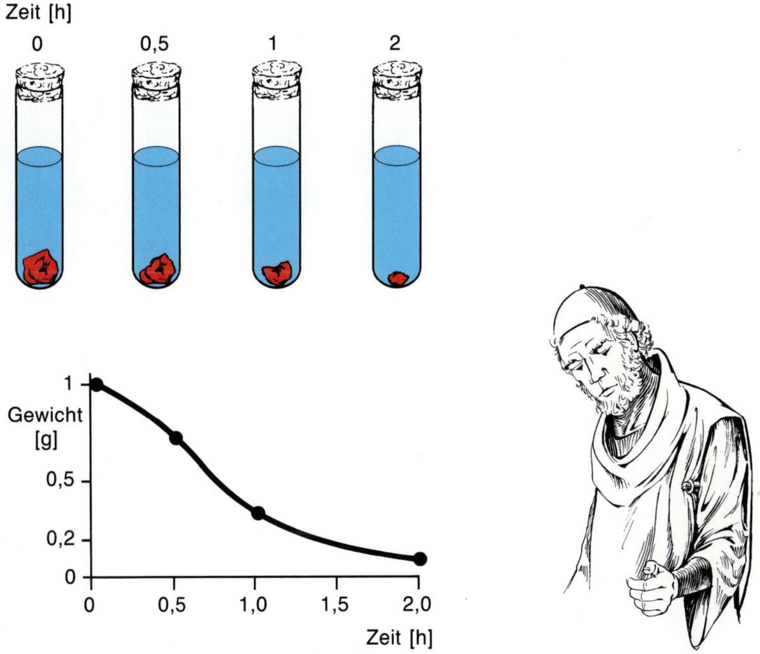

Abb. 3.1. Lazzaro Spallanzani inkubierte 1783 kleine Fleischstücke mit Magensaft von Raubvögeln in seiner Achselhöhle: 37 °C! In Abhängigkeit von der Zeit wurde das Fleisch aufgelöst

Das Fleisch als Substrat verschwindet mit zunehmender Inkubationszeit. Spallanzani beobachtete auch schon, daß die Aktivität temperaturabhängig ist. Eine optimale Inkubationstemperatur von 37 °C erreichte er, indem er die Phiolen mit dem Inkubationsansatz in seiner Achselhöhle inkubierte.

Das Prinzip, die Aktivität eines Enzyms über die Abnahme des Substrats zu bestimmen, lag auch dem ersten Enzymtest in der klinischen Medizin zugrunde (Abb. 3.2). Zur Diagnostik der akuten Pankreatitis stellte Wohlgemuth eine Verdünnungsreihe aus dem Patientenharn her. Jeweils 1 ml der Verdünnungen inkubierte er dann 30 min bei 38 °C mit 2 ml einer Stärkelösung. Die Reaktion wurde nach 30 min durch Zugabe von Jod nachgewiesen: bei Abbau der Stärke blieb die Blaufärbung aus.

Wohlgemuth stellte die Verdünnung des Harns fest, die gerade noch die Stärke abbaute, und multiplizierte diesen Wert mit 2. Die so ermittelten „Wohlgemuth-Einheiten" der Pankreasamylase im Urin waren bis in jüngste Zeit in der Klinik im Gebrauch.

Modifikationen der Wohlgemuth-Methode führten zu anderen Amylase-Einheiten, die ebenfalls nach ihren Beschreibern mit Eigennamen benannt wurden (Tabelle 3.1).

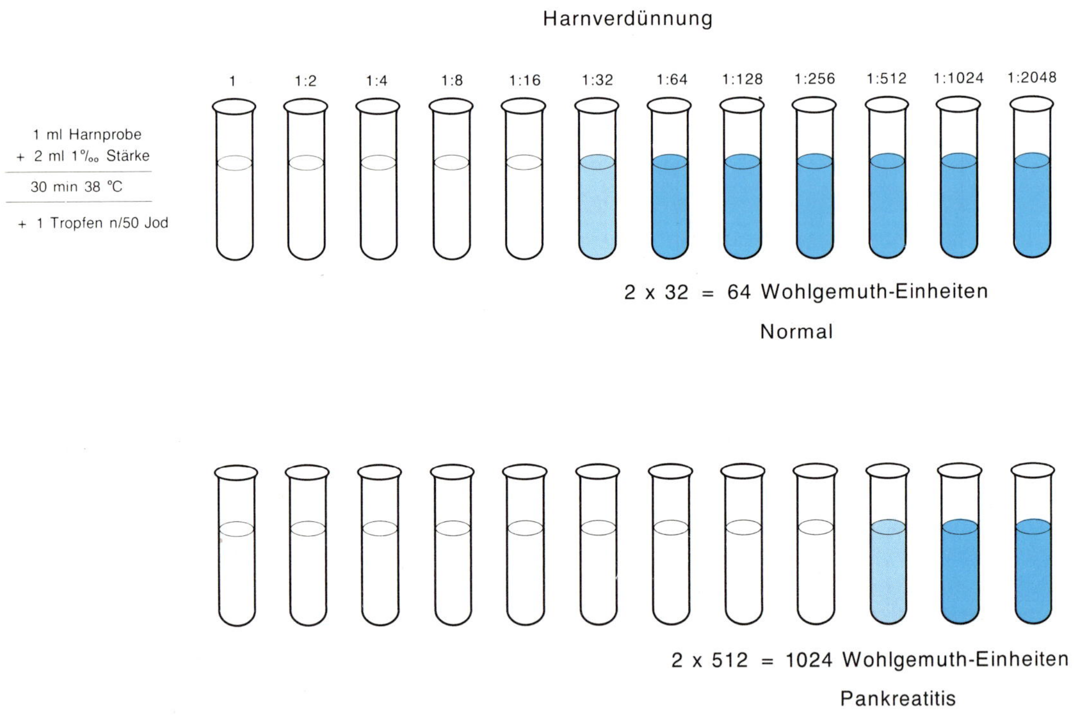

Abb. 3.2. Vor 75 Jahren wurde der erste Enzymtest in die klinische Diagnostik eingeführt. Julius Wohlgemuth wies Amylase im Urin bei Pankreatitis nach

Tabelle 3.1. Vier verschiedene Aktivitätseinheiten der α-Amylase verwirrten bis vor kurzem Ärzte und Patienten

Amylase
Wohlgemuth-Einheiten
Street-Close-Einheiten
Somogyi-Einheiten
Internationale Einheiten

Erst durch die Enzyme Commission (E. C.) wurde in den 60er Jahren die Einheitenvielfalt abgelöst. Eine Enzymeinheit (U) wurde definiert als diejenige Menge Enzym, die unter bestimmten Bedingungen 1 μmol Substrat je 1 min umsetzt.

E. C. Definition:
1 Enzymeinheit setzt je 1 min 1 μmol Substrat um: $\mathbf{1\ U = \frac{1\ \mu mol\ Substrat}{1\ min}}$

Durch ein Enzym wird das Substrat zu einer bestimmten Menge Produkt umgesetzt. Damit kann die Enzymaktivität gleichermaßen über das „Verschwinden" des Substrats wie auch über das „Entstehen" des Produkts nachgewiesen und gemessen werden (Abb. 3.3).

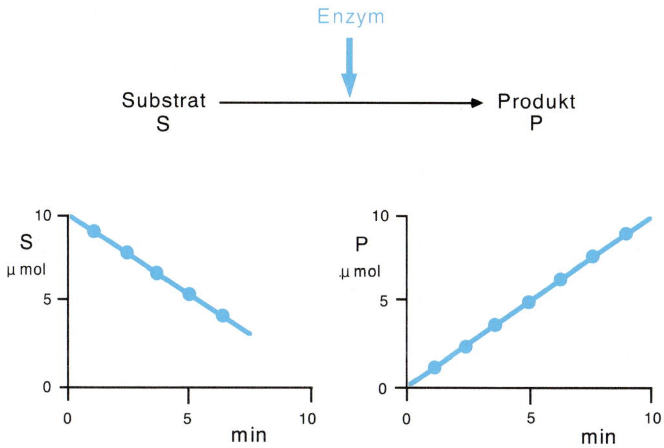

Abb. 3.3. Die Aktivität eines Enzyms kann über die Abnahme des Substrats und (oder) über die Zunahme des Produktes gemessen werden

Ein hervorstechendes Merkmal der Enzymaktivität generell ist, daß sie linear mit der Zeit erfolgt. Man spricht in der Reaktionskinetik von einer Reaktion nullter Ordnung. Eine bestimmte Enzymmenge setzt also in doppelter Inkubationszeit die doppelte Menge Substrat um (Abb. 3.4).

Unkatalysiert, also spontan verlaufende chemische Reaktionen zeigen eine sogenannte Reaktionsverzögerung, d.h., mit fortlaufendem Substratumsatz wird die Reaktion immer langsamer.

Auch in bezug auf die Enzymmenge besteht direkte Linearität: Die doppelte Enzymmenge setzt je Zeiteinheit die doppelte Menge Substrat um.

Die vorstehend genannte doppelte Linearität – Substratumsatz/Zeit und Substratumsatz/Enzymmenge – und die exakte Messung der Enzymeinheiten setzt die Einhaltung von Standardbedingungen bei der Inkubation voraus.

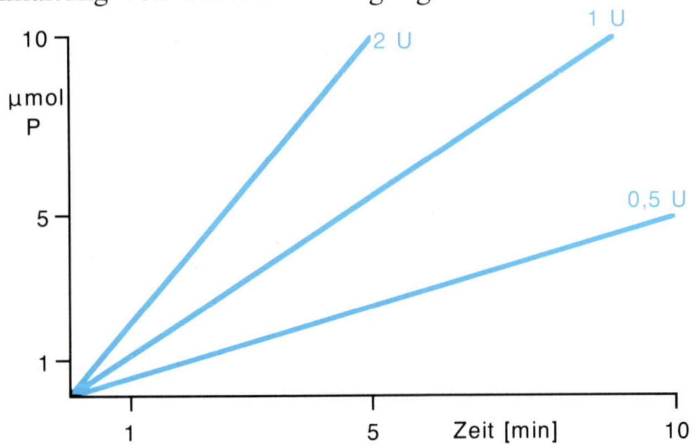

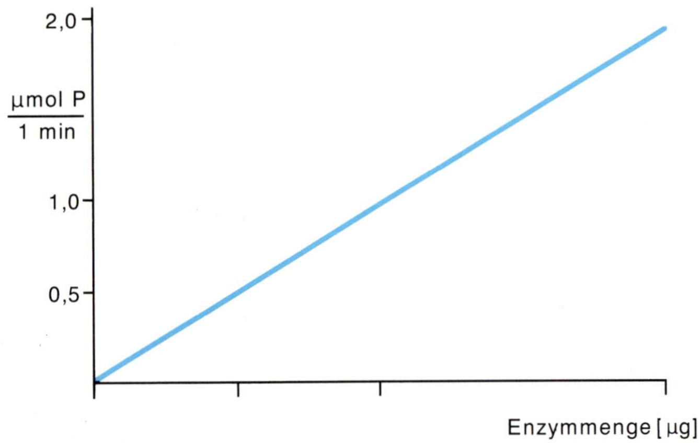

Abb. 3.4. Bei Einhaltung von Standardbedingungen wirken Enzyme linear mit der Zeit und linear mit der Enzymmenge

Standardisiert werden solche Variablen, die direkt die Enzymaktivität beeinflussen können: Art und Konzentration des Substrats, pH-Wert, Temperatur, Art und Konzentration des Coenzyms, Aktivatoren, Ionen u. a. (Tabelle 3.2).

Tabelle 3.2. Für jeden Enzymtest müssen Standardbedingungen eingehalten werden

Standardbedingungen
Substratkonzentration
pH-Wert
Temperatur
Coenzymkonzentration
Aktivatoren – Stabilisatoren
Salze

Für den Nachweis der Aktivität eines Enzyms ist immer entscheidend, daß ein Unterschied zwischen Substraten und Produkten besteht, so daß das eine neben dem anderen exakt gemessen werden kann. Der Parameter, über den die Enzymaktivität nachgewiesen wird, wird als Meßgröße bezeichnet. Am Beispiel der alkalischen Phosphatase (E. C. 3.1.3.1) kann dies verdeutlicht werden (Abb. 3.5). Die alkalische Phosphatase setzt ca. 100 verschiedene Substrate um, unter anderem auch das in der Natur nicht vorkommende synthetische

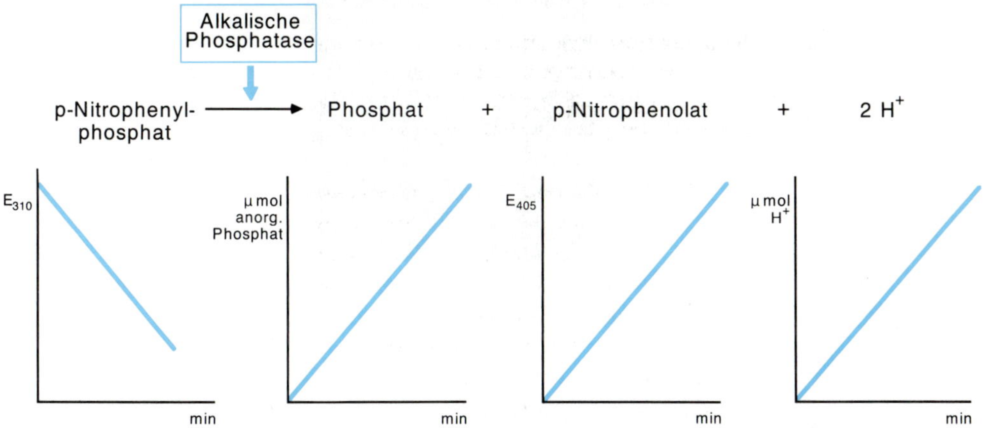

Abb. 3.5. Meßgröße bei Enzymaktivitätsbestimmungen ist jeweils eine charakteristische Eigenschaft von Substrat oder Produkt. Die alkalische Phosphatase (AP) kann so nach 4 Methoden gemessen werden

p-Nitrophenylphosphat. Durch hydrolytische Spaltung entstehen p-Nitrophenol und anorganisches Phosphat.

Das Substrat p-Nitrophenylphosphat zeigt eine Lichtabsorption bei der Wellenlänge 310 nm, die die Produkte nicht zeigen, so daß bei dieser Wellenlänge das Verschwinden des Substrats verfolgt werden könnte. Bequemer zu messen und mit dem Auge bereits zu verfolgen ist das Entstehen des Produkts p-Nitrophenol, das im alkalischen Puffer als Anion eine starke Gelbfärbung aufweist; dies ist heute der gebräuchlichste Nachweis. Durch Reaktionen mit Ammoniummolybdat nach Fiske und Subbarow könnte auch das Entstehen des anorganischen Phosphats kolorimetrisch gemessen werden. Schließlich werden durch die Spaltung des Esters Säuregruppen frei, die durch Titration mit Basen bestimmt werden könnten. Die alkalische Phosphatase mit der Möglichkeit, über vier Meßgrößen die Aktivität direkt zu verfolgen, stellt eigentlich eine Ausnahme dar; häufig waren qualitative Nachweise und quantitative Messungen von Enzymaktivitäten früher überaus schwierig.

Vor nunmehr 50 Jahren revolutionierte der Biochemiker Otto Warburg (Abb. 3.6) die Enzymologie, als er das Coenzym Nikotinamid-adenin-dinukleotid (abgekürzt NAD) als Meßgröße für Enzymbestimmungen einführte.

Abb. 3.6. Otto Warburg. (1883–1970)

NAD ist ein wasserstoffübertragendes Coenzym für eine große Gruppe von Oxidoreduktasen. NAD übernimmt vom Substrat zwei Wasserstoffatome und geht über in die reduzierte Form $NADH_2$. Der Reaktionsmechanismus ist in Abb. 3.7 dargestellt. Durch die Wasserstoffaufnahme ändern sich die optischen Eigenschaften des NAD. Während die oxidierte Form (NAD) nur im 260-nm-Ultraviolettbereich Licht absorbiert, bekommt die reduzierte Form ($NADH_2$) eine zusätzliche UV-Absorptionsbande im Bereich bei 340 nm. Damit kann im Photometer die Wasserstoffaufnahme durch das NAD direkt bei 340 nm verfolgt werden (Abb. 3.8).

In manchen Filterphotometern wird in Ermangelung eines geeigneten Filters dieser Vorgang bei 365 nm verfolgt, wobei die Extinktion dann nur etwa halb so groß ist wie bei 340 nm im Spektralphotometer. Der molare Extinktionskoeffizient (ε) beträgt für $NADH_2$ bei 340 nm 6 300 und bei 365 nm 3 400 $l \cdot mol^{-1} \cdot cm^{-1}$.

Die UV-Absorption des $NADH_2$ ist Grundlage des optischen Tests nach Warburg. Ein Enzym wie die Lactatdehydrogenase, bei dessen Aktivität das NAD-System unmittelbar beteiligt ist, kann in beide Richtungen über das $NADH_2$ gemessen werden. Üblicherweise wird der Start mit Pyruvat und $NADH_2$, also die untere Reaktion mit der Registrierung des Extinktionsabfalls bevorzugt, weil das Gleichgewicht der Reaktion auf seiten von Lactat und NAD liegt (Abb. 3.9).

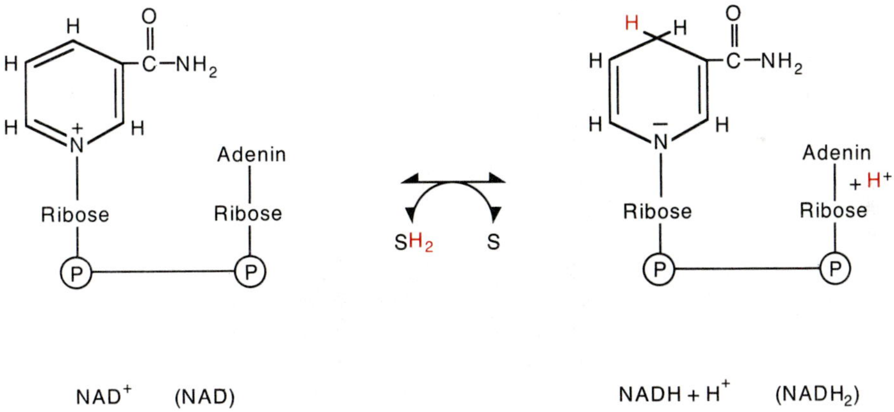

Abb. 3.7. Nicotinamid-Adenin-Dinukleotid (NAD) ist ein Coenzym für viele Dehydrogenasen. (Oxidoreduktasen)

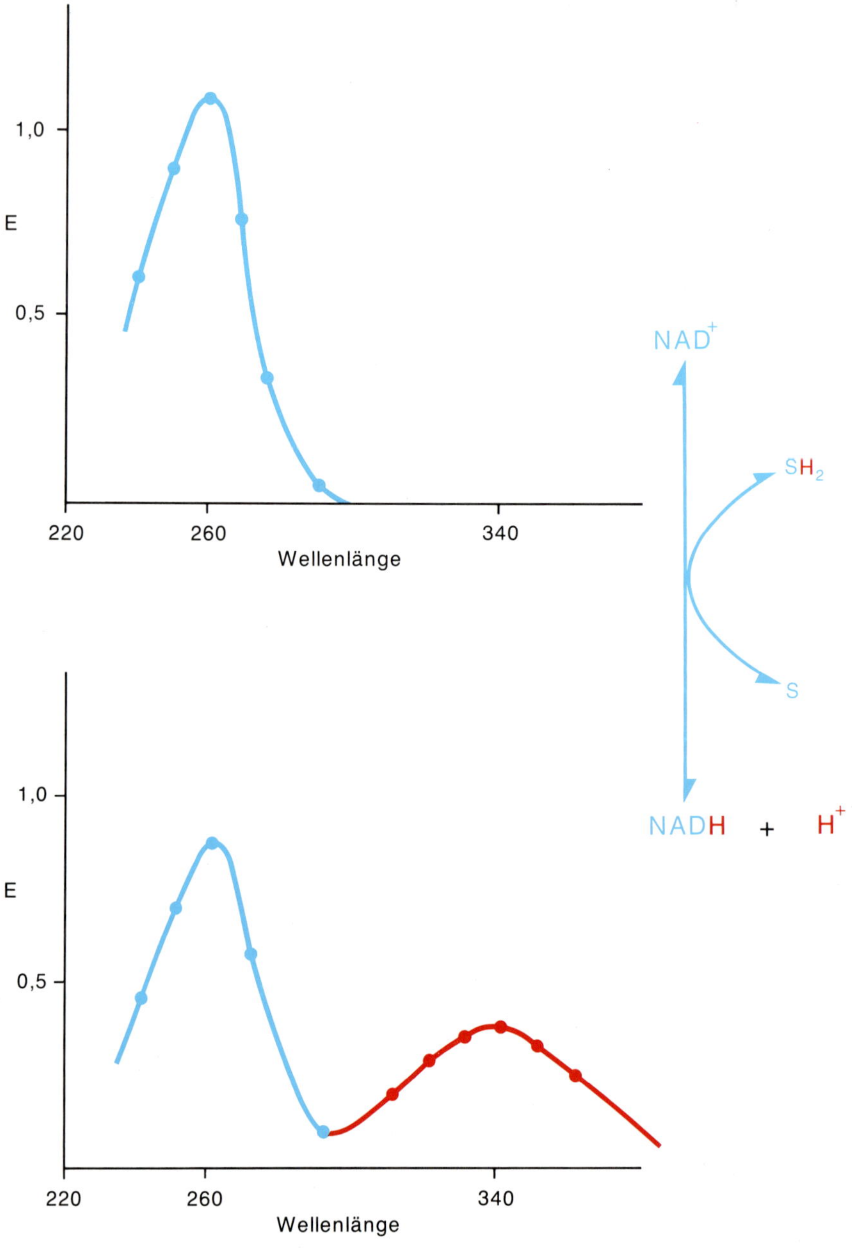

Abb. 3.8. Grundlage des optischen Tests: Die Wasserstoffanlagerung an das NAD führt zu einer Extinktionszunahme bei der Wellenlänge 340 nm

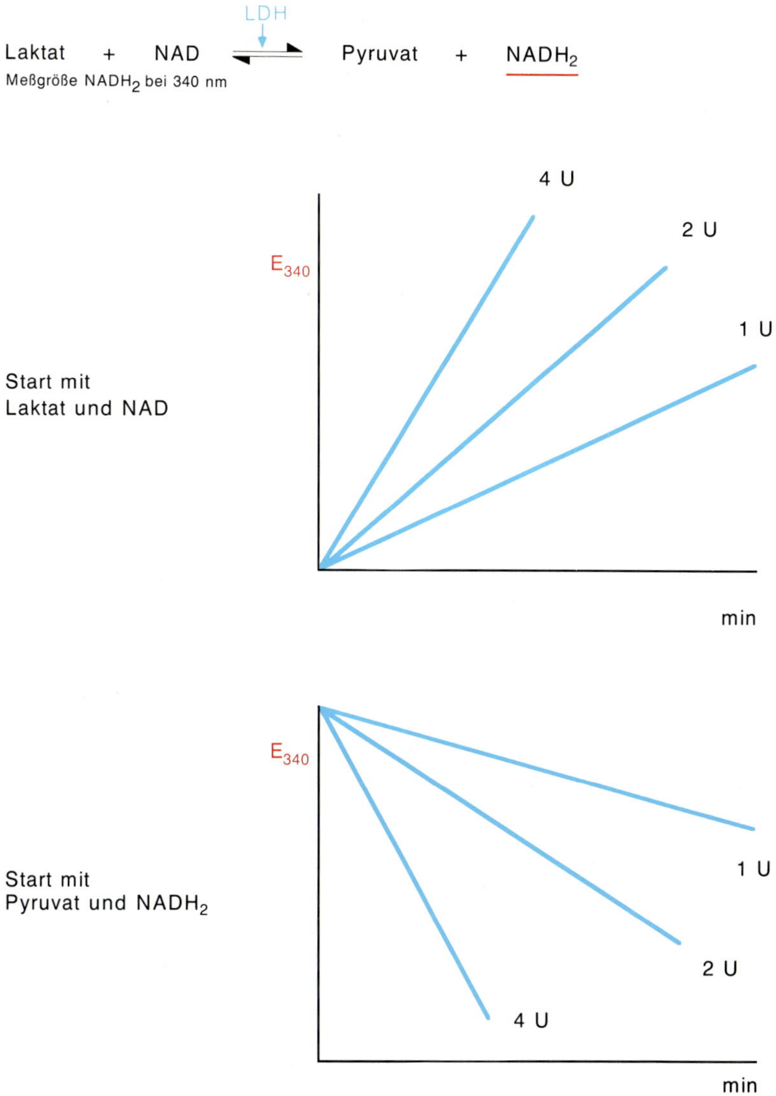

Abb. 3.9. Die Messung der Laktatdehydrogenase (LDH) im optischen Test (UV-Test nach O. Warburg) ist in zwei Richtungen möglich

Das Prinzip des optischen Tests wird auch bei enzymatischen Substratbestimmungen angewendet (Abb. 3. 10). Grundlage ist hier der 1:1-Umsatz, also der stöchiometrische Umsatz zwischen Substrat und Coenzym. Je 1 mol Substrat wird 1 mol Coenzym umgewandelt.

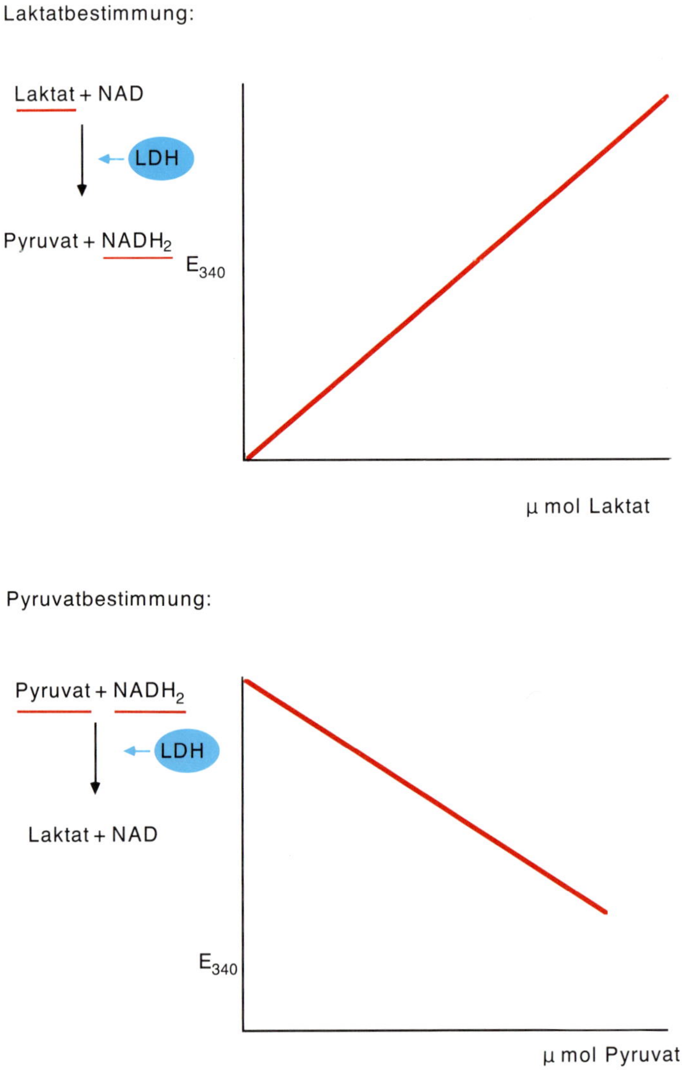

Abb. 3.10. Enzymatische Substratbestimmung im optischen Test. Mit der Laktatdehydrogenase (LDH) können sowohl Laktat wie auch Pyruvat quantitativ bestimmt werden. LDH wird in sehr großem Aktivitätsüberschuß eingesetzt, um einen vollständigen Substratumsatz sicherzustellen

Bei der so durchgeführten Lactatbestimmung oder bei der Pyruvatbestimmung wird das Enzym Lactatdehydrogenase in so großem Überschuß zugesetzt, daß alles Substrat in der Inkubationsperiode umgesetzt wird. Durch Wahl eines entsprechenden pH und durch chemische Weiterreaktion eines der Produkte kann das Gleichgewicht auf die Seite der Produkte gezogen werden.

Bei manchen Enzymen, wie zum Beispiel bei den Transaminasen, geben weder die Substrate noch die Produkte ein verwertbares meßbares Signal, können also nicht als Meßgröße verwendet werden. Hier kommt der sogenannte gekoppelte optische Test zum Einsatz (Abb. 3.11). Bei der Glutamat-Pyruvat-Transaminase (GPT) wird das als Produkt entstehende Pyruvat sofort mit einer gegenüber der GPT-Aktivität sehr großen LDH-Aktivität als Indikatorenzym und $NADH_2$ als Meßgröße umgesetzt. Auch Substrate können durch zusam-

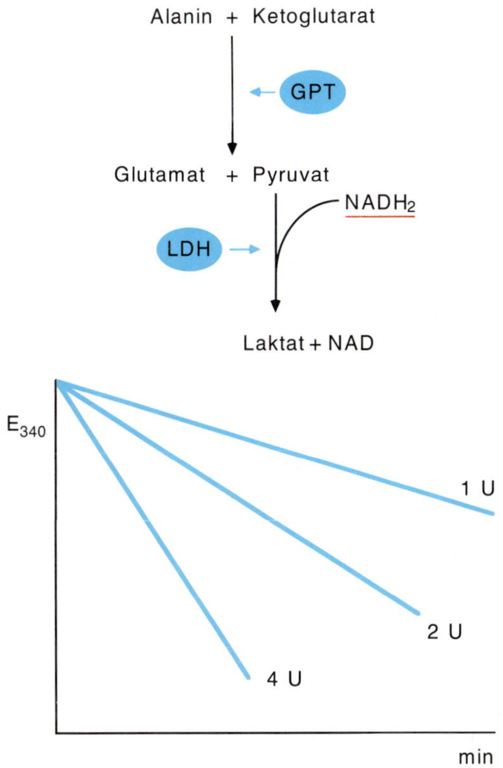

Abb. 3.11. Enzymaktivitätsmessung mit dem gekoppelten optischen Test. Bestimmung der Glutamat-Pyruvat-Transaminase (GPT). Das Hilfsenzym oder Indikatorenzym LDH muß in großem Aktivitätsüberschuß eingesetzt werden

mengesetzte optische Tests nachgewiesen werden. Bei der zusammengesetzten enzymatischen Blutzuckerbestimmung wird die Glucose zunächst durch die Hexokinase mit ATP phosphoryliert, das entstehende Glucose-6-phosphat wird durch ein Enzym aus dem Pentosephosphat-Weg, die Glucose-6-phosphat-dehydrogenase (G-6-PDH), mit NADP zu 6-Phosphogluconsäure und $NADPH_2$ dehydriert. Je mol Glucose in der zu messenden Blutprobe entsteht so 1 mol $NADPH_2$, das genau wie $NADH_2$ bei 340 oder 365 nm gemessen werden kann (Abb. 3.12).

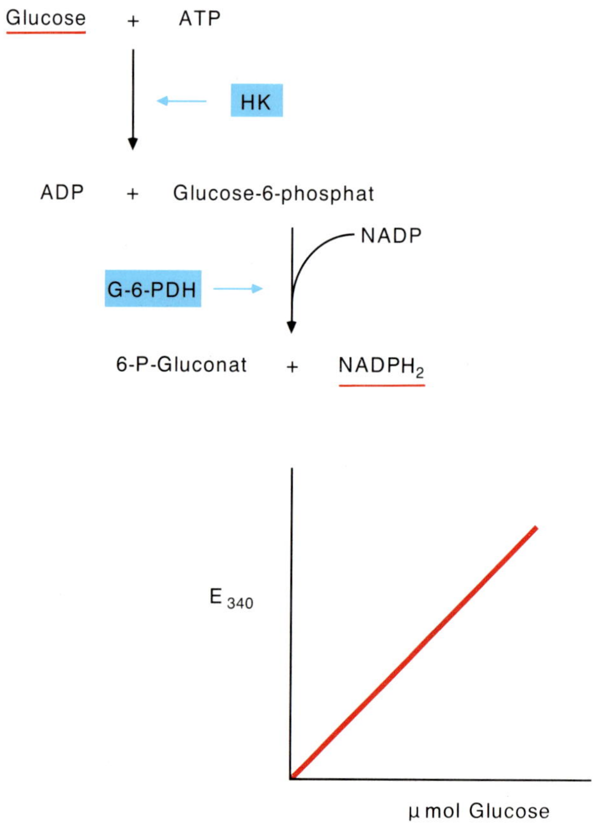

Abb. 3.12. Substratbestimmung mit dem gekoppelten optischen Test. Messung der Glucosekonzentration (z. B. als sog. Blutzucker) mit Hexokinase (HK) und Glucose-6-phosphatdehydrogenase (G-6-PDH). Meßgröße ist $NADPH_2$ bei 340 nm

Zuweilen werden zur Bestimmung eines Enzyms in den Meßansätzen richtige Enzymkaskaden oder besser Enzymketten angelegt. Zur Diagnostik von Muskelschäden und insbesondere für die Herzinfarktdiagnostik ist die Bestimmung der Creatinphosphokinase (CPK oder CK) klinisch von großer Bedeutung. Die CK überträgt in einer reversiblen Reaktion Phosphatgruppen von ATP auf Creatin und zurück: Speicherung von energiereichem Phosphat in Muskel- und Nervenzellen. Zur Bestimmung mißt man die Reaktion der CK von Creatin-P mit ADP zu Creatin und ATP (Abb. 3.13).

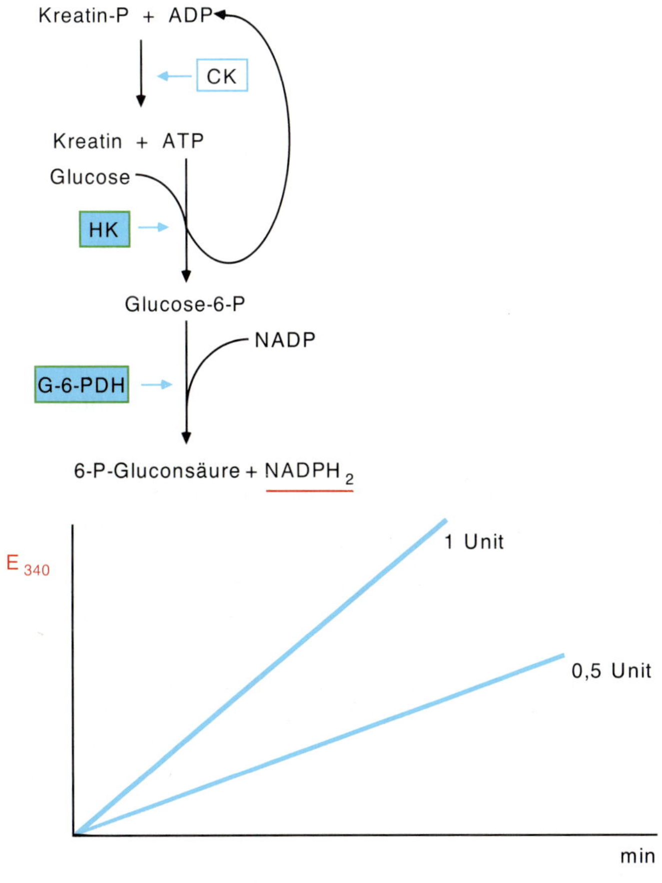

Abb. 3.13. Messung der Kreatinphosphokinase (CPK oder CK). Die CK ergibt erst mit dem Hilfsenzym Hexokinase und dem Indikatorenzym Glucose-6-phosphatdehydrogenase (G-6-PDH) eine verwertbare Meßgröße: $NADPH_2$

Das so entstehende ATP wird mit einem Überschuß von Hexokinase (HK) sofort zu Glucose-6-P und ADP; Glucose-6-P wird dann sofort durch eine große Glucose-6-phosphatdehydrogenase-Aktivität (G-6-P-DH) zu 6-Phosphogluconsäure und $NADPH_2$ – der Meßgröße. Das ADP als Produkt der Hexokinasereaktion steht im Kreisprozeß wieder als Substrat für die CK-Reaktion zur Verfügung.

Eine Einheit der CK setzt je 1 min 1 µmol Creatinphosphat um, wobei als Produkt 1 µmol ATP entsteht; dieses ergibt 1 µmol Glucose-6-phosphat und dieses wiederum 1 µmol $NADPH_2$, das gemessen werden kann.

Vorausgesetzt, daß sowohl HK als auch G-6-PDH in größerer Aktivität als die zu messende CK vorliegen, ergibt 1 U CK 1 µmol $NADPH_2$ je 1 min.

Bevorzugt werden Enzymaktivitäten im kinetischen Test bestimmt. Das heißt, daß die Enzymreaktionen kontinuierlich über die gesamte Meßzeit verfolgt wird. Dabei kann über ein Abweichen von der Linearität sofort eine Störung der Messung erkannt werden. Der Nachteil der Methode liegt darin, daß meist nur wenige Bestimmungen parallel durchgeführt werden können. Müssen viele Bestimmungen gleichzeitig durchgeführt werden, bedient man sich der 2-Punktmethode. Dazu wird ein Ansatz ohne Enzym mit dem Ansatz mit Enzym nach einer festgelegten Inkubationszeit verglichen, d. h., es werden nur zwei Meßzeiten berücksichtigt.

In Abb. 3.14 ist unter 1 der ungestörte Testverlauf dargestellt, unter 2 ein Test, der erst nach einer Anlaufzeit eine konstante Geschwindigkeit erreicht, und unter 3 ein Test, bei dem das Enzym während der Bestimmung seine Aktivität verliert. Beim kinetischen Meßverfahren wird nur der lineare Teil, also die Steigung der Geraden verwendet: In allen 3 Fällen ergibt sich 1 U Enzymaktivität. Würden 2-Punkttests nach 5 oder nach 10 min Inkubationszeit durchgeführt, ergäben die Fälle 2 und 3 die tabellarisch aufgeführten Fehlbestimmungen.

Der Vollständigkeit halber muß erwähnt werden, daß auch Abweichungen, also Fehlbestimmungen nach oben, vorkommen, z. B. durch Temperaturanstieg.

Auch die Enzyme bleiben vom Système International d'Unités, den SI-Einheiten, nicht verschont. Als Einheit wurde hier das Katal (kat) definiert als die Aktivität, die 1 mol Substrat je 1 s unter Standardbedingungen umsetzt.

$$1 \text{ kat} = 60\,000\,000 \text{ U}$$

$$1 \text{ U} = \frac{1}{60\,000\,000} \text{ kat}$$

Das Katal ist also 60 Millionen mal größer als die Aktivität ausgedrückt in U. Die praktische Enzymologie und die klinische Chemie werden wohl voraussichtlich bei der Einheit U bleiben; sowohl die Zeiteinheit Minute als auch die Menge Mikromol Substrat sind praktischen Anforderungen und Gegebenheiten besser angepaßt.

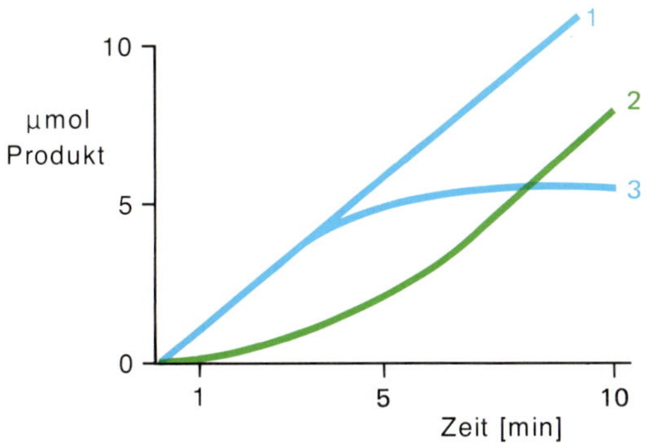

Kinetischer Test =
1 U Aktivität

1. 2-Punkt-Test t_0 - t_5

Fall	1	2	3
U	1	0,3	0,9

2. 2-Punkt-Test t_0 - t_{10}

Fall	1	2	3
U	1	0,6	0,6

Abb. 3.14. Enzymmessungen können als „kinetischer Test“ oder als „2-Punkt-Methode“ durchgeführt werden. Unter 1 und 2 sind Fehlermöglichkeiten für 2-Punkt-Bestimmungen berechnet

4 Präparation und Stabilität

Etwa 2 500 verschiedene Enzyme katalysieren alle in der belebten Natur ablaufenden Stoffwechselreaktionen. Neben der systematischen Einteilung in Klassen nach dem E. C.-System können diverse andere Einteilungen vorgenommen werden. So können die bei Biosynthesen wirkenden Enzyme als anabole Enzyme von den im Abbau wirksamen katabolen Enzymen unterschieden werden. In der klinischen Enzymologie kann eine Einteilung in Zellenzyme, Plasmaenzyme und Sekretenzyme vorgenommen werden (Tabelle 4.1).

Zellenzyme wirken innerhalb der Zellen, sie katalysieren den intrazellulären Metabolismus, sowohl den Anabolismus wie den Katabolismus. Nach ihrer intrazellulären Lokalisation im Zytoplasma, endoplasmatischem Retikulum, in Mitochondrien und Lysosomen können sie weiter unterteilt werden. Unter Plasmaenzymen versteht man spezifische Enzymsysteme, die meist in der Leber gebildet, ihre spezielle Funktion im Blutplasma ausüben: so im Hämostase-Fibrinolyse-System, als Komplementsystem usw.

Die Plasma- bzw. Serumaktivitäten der Zellenzyme fallen nicht in diese Gruppe, sie gelangen sozusagen als Abfall der Zellmauserung oder bei Zellschäden in das Plasma.

Tabelle 4.1. Eine Einteilung der Enzyme nach Vorkommen und Funktion ist aus diagnostischer Sicht hilfreich

	Organ bzw. Herkunft	Funktion
Zellenzyme		
GPT	Leber	Transaminierung
GOT	Leber und Muskel	Transaminierung
α-HBDH	Herzmuskel	Milchsäurestoffwechsel
CK-MB	Herzmuskel	Energiespeicherung
Plasmaenzyme		
Gerinnungssysteme	Leber	Hämostase
Fibrinolyseenzyme	Leber, Gewebe	Rekanalisierung von Gefäßen
Komplementenzyme	Leber	Abwehr
Kallikrein-Kinin-System	Leber und andere Gewebe	Mediator
Sekretenzyme		
Pepsin	Magen	Verdauung
Trypsin	Pankreas	Verdauung
Amylase	Pankreas, Parotis	Verdauung
Lipase	Pankreas	Verdauung
Lysozym	Parotis, Tränen	Abwehr

Die Gruppe der Sekretenzyme wird nach ihrer Biosynthese nach außen abgegeben, die Verdauungsenzyme in den Darm, das Lysozym in Speichel, Tränenflüssigkeit, Urin usw.

Alle Enzyme werden entsprechend dem generellen Synthesemechanismus für Proteine an den Ribosomen gebildet, einige werden dann in bestimmte Zellorganellen transportiert und kommen u. U. nur hier vor (Abb. 4.1). Diese ausschließlich in einer subzellulären Struktur vorkommenden Enzyme werden als Leitenzyme für das entsprechende Partikel bezeichnet. Klinisch-diagnostisch ist in diesem Zusammenhang die Glutamatdehydrogenase interessant. Dieses fast ausschließlich in den Mitochondrien der Leberzellen vorkommende Enzym wird im Serum erhöht gefunden, wenn so schwere Zellschäden der Leber vorliegen, daß auch Mitochondrien zerstört werden und damit das Enzym über die interstitielle Flüssigkeit schließlich in das Blut gelangt.

Enzyme können isoliert und gereinigt werden (Abb. 4.2). Zur Isolierung und Reinigung von Zellenzymen wird zunächst das Gewebe oder Organ präpariert und dann homogenisiert. Der Gewebebrei enthält vorwiegend noch intakte Zellen, die dann mechanisch oder durch chemische Einflüsse (Detergentien o. ä.) zerstört werden. Der „zellfreie Aufschluß" oder „Extrakt" enthält noch alle Partikel und Proteine der gesamten Zelle. Durch fraktionierte Zentrifugation oder durch Dichtegradienten-Zentrifugation werden die einzelnen Teile entsprechend ihrer Dichte (spezifisches Gewicht) und ihrer Größe weiter getrennt. Aus den einzelnen Fraktionen können dann bestimmte Enzyme isoliert und weiter gereinigt werden.

Ziel und Zweck derartiger Isolierungs- und Anreicherungsverfahren ist es, ein Enzym von anderen Proteinen und speziell Enzymproteinen zu trennen, um es genau untersuchen zu können, bzw. um es für analytische, therapeutische oder präparative Zwecke gebrauchen zu können.

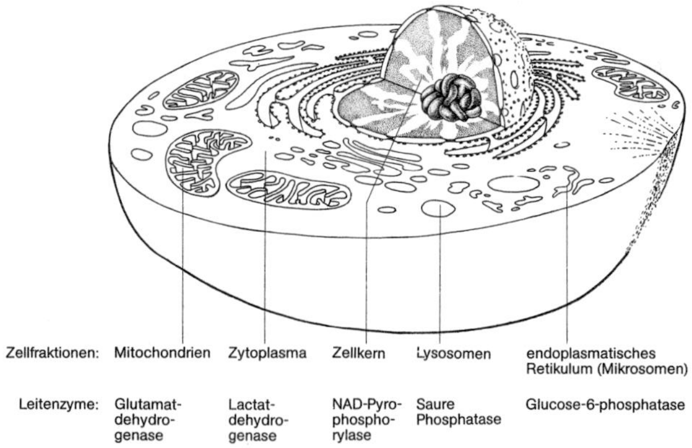

Abb. 4.1. Einige Enzyme kommen ausschließlich in einer charakteristischen subzellulären Struktur vor: Leitenzyme für Zellorganellen

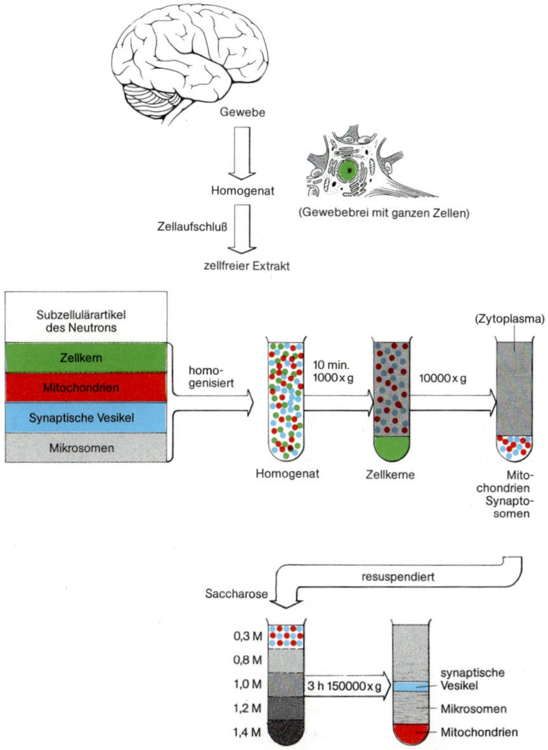

Abb. 4.2. Subzelluläre Strukturen mit ihren Enzymen können nach Aufschluß der Zellen durch Zentrifugation gereinigt werden

Zwei Kriterien sind für Enzymanreicherungen entscheidend: der Anreicherungsfaktor, der sich aus der Erhöhung der spezifischen Aktivität ergibt, und die Ausbeute (Tabelle 4.2).

Die spezifische Aktivität gibt die Einheiten je 1 mg Protein im Präparationsschritt an.

Im dargestellten Anreicherungsgang der Alkoholdehydrogenase aus Hefe kommen im Rohextrakt 1 000 U und 100 mg Protein vor, die spezifische Aktivität ist also 10. Durch Entfernung von Proteinen ohne ADH-Wirkung sind im Endschritt nach der Kristallisation 300 U und 0,5 mg Protein vorhanden, die spezifische Aktivität (U/mg Protein) ist also 600, gegenüber dem Rohextrakt entspricht das einer 60fachen Anreicherung. Während der Aufarbeitung geht Enzymprotein verloren bzw. wird unter Umständen Aktivität zerstört; gegenüber 1 000 U im Extrakt enthält man „nur" 300 U als Enzymkristalle, was 33% Ausbeute entspricht.

Entscheidend bei der Enzymanreicherung ist, daß das Enzym in aktiver Form, also in seiner natürlichen oder nativen Konformation erhalten wird (Abb. 4.3).

Tabelle 4.2. Bei der Enzymreinigung kommt es darauf an, eine hohe spezifische Aktivität (U/mg Protein) mit großer Ausbeute zu erhalten.

Anreicherung der Alkoholdehydrogenase (ADH, E. C. 1.1.1.1) aus Hefe

	U ADH	mg Protein	spezifische Aktivität	Ausbeute (%)
1. Hefe-Rohextrakt	1000	100	10	100
2. Ammonsulfat-Fällung	1000	50	20	100
3. Gelfiltration	800	10	80	80
4. Ionenaustausch-chromatographie	400	2	200	40
5. Kristallisation	300	0,5	600	33

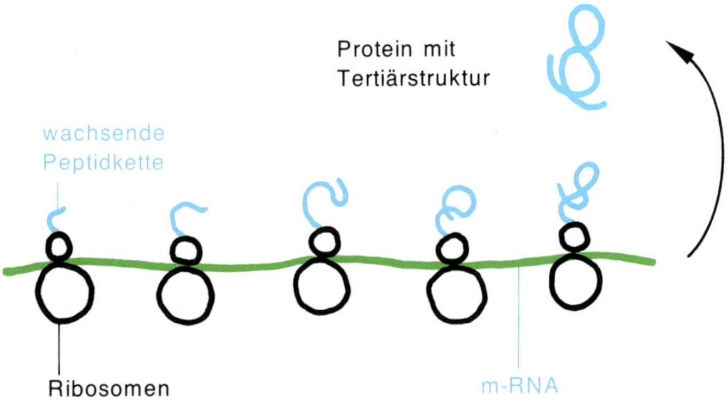

Abb. 4.3. Biosynthese eines Enzyms. Entstehung der „nativen Konformation". Lebewesen erben die Information für die Sequenz der Aminosäuren: Primärstruktur. Die räumliche Form, die Sekundär- und Tertiärstrukturen ergeben sich hieraus durch Faltung der Peptidkette

Diese native Konformation nimmt ein Enzym bei seiner Biosynthese am Ribosom spontan, also von allein, ein. Das Ribosom tastet die Triplett-Kodierung der Messenger-Ribonukleinsäure ab; an jedem Triplett wird eine Aminosäure an die wachsende Enzymproteinkette angehängt, hierbei faltet sich die Peptidkette zu der nativen Enzymkonformation, der sogenannten Tertiärstruktur.

Die native Konformation des Enzymproteins kann nach der Synthese am Ribosom durch andere enzymatische Prozesse weiter modifiziert und stabilisiert werden, so durch oxidative Knüpfung von Disulfidbrücken, durch Abspaltung von Peptiden usw. Derartige Vorgänge, die nach der Ablesung des Messenger-Codes durch das Ribosom, der Translation, an der halbfertigen Proteinkette erfolgen, werden als „posttranslational processing" oder als enzymatische Enzymmodifikation bezeichnet (Abb. 4.4). Durch derartige enzymkatalysierte

Enzymumwandlungen kann die eigentliche katalytische Aktivität sowohl angestellt oder gesteigert als auch eventuell herabgesetzt werden, so daß diesem Prinzip auch eine Rolle bei der Stoffwechselregulation zukommt (Tabelle 4.3).

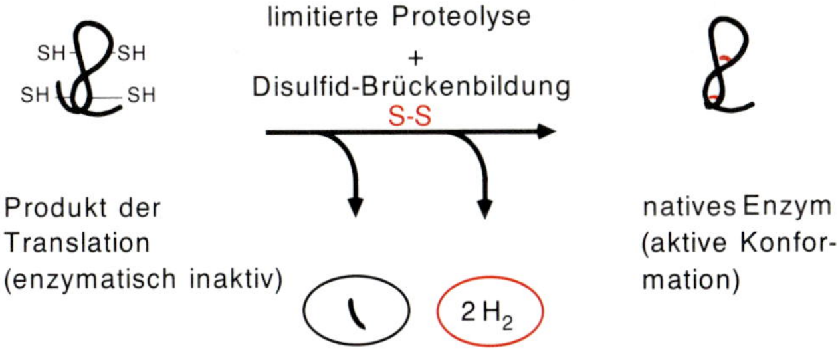

Abb. 4.4. Die native Konformation als Tertiärstruktur eines Enzyms wird nach der Proteinbiosynthese am Ribosom durch verschiedene Eingriffe stabilisiert: „posttranslational processing"

Wird die native Konformation eines Enzyms verändert, so geht das in der Regel mit einem Verlust der Aktivität einher. In Abb. 4.5 sind eine Hitzedenaturierung und eine Denaturierung durch reduktive Spaltung von Disulfidbrükken dargestellt. Beide führen zu inaktiven, denaturierten Enzymproteinen.

Manche Eingriffe können bei vielen Enzymen wieder voll rückgängig gemacht werden, z. B. eine reversible Denaturierung durch Spaltung von Disulfid-Brücken. Anfinsen hat für diesen Vorgang den Ausdruck Renaturierung geprägt.

Viele Fällungsreaktionen mit Salzen, wie Ammonsulfat, sind als reversible Denaturierung wichtige Schritte bei Enzymanreicherungen.

Am bekanntesten sind Enzymdenaturierungen, wie auch Proteindenaturierungen allgemein, durch Hitze (Abb. 4.5); auch durch hochkonzentrierten Harnstoff in Verbindung mit einem Reduktionsmittel wie Glutathion (GSH) können viele Enzyme unter Aufspaltung essentieller Disulfidbrücken denatu-

Tabelle 4.3. Posttranslational Processing oder enzymatische Enzymmodifikation

Reaktion	Beispiel
Knüpfung von S-S-Brücken	Ribonuklease
Begrenzte Proteolyse	Trypsin Gerinnungsenzyme Kallikrein
γ-Carboxylierung in Glutaminsäureseitenketten	Prothrombin
Phosphorylierung	Phosphorylase Lipase
Adenylierung	Glutaminsynthetase

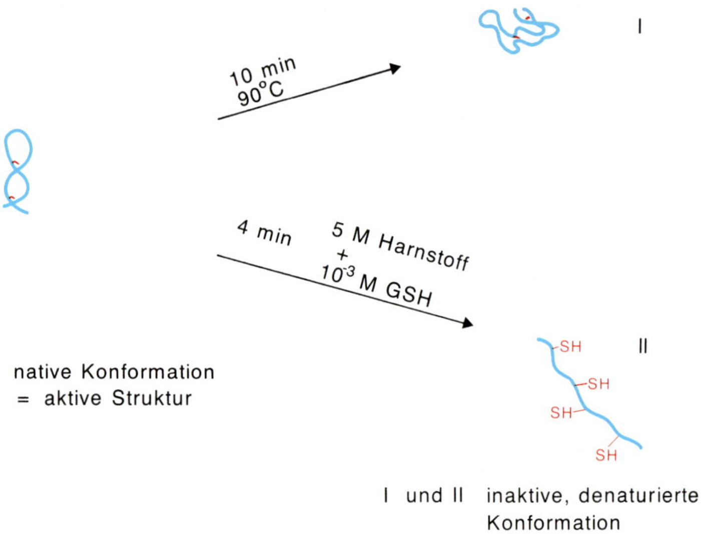

Abb. 4.5. Jede Veränderung der nativen Konformation kann als Denaturierung bezeichnet werden

riert werden. Die Abbildung 4.6 zeigt die Denaturierung des Enzyms Acetylcholinesterase durch unterschiedliche Temperaturen bei einer festgesetzten Einwirkungszeit von 4 Minuten. Der untere Teil der Abbildung zeigt für die Denaturierungstemperatur von 55 °C den zeitlichen Verlauf der Denaturierung. Es handelt sich um eine Reaktion 1. Ordnung.

Allgemein ist festzustellen, daß jede Proteindenaturierung durch Hitze ein zeitabhängiger Prozeß ist.

Eine Vielzahl von allen möglichen physikalischen und chemischen Einflüssen kann Proteine und Enzyme denaturieren d. h. aus der nativen, biologisch aktiven Form in eine inaktive Form überführen. In der Tabelle 4.4 sind einige dieser Einwirkungen dargestellt. Ob ein bestimmtes Enzym durch eine der auf-

Tabelle 4.4. Eine Denaturierung von Enzymen ist durch viele physikalische und chemische Einflüsse möglich

Hitze	Salze
Einfrieren	Organische Lösungsmittel
Röntgenstrahlen	Schwermetalle
UV-Strahlen	Säuren
Schütteln	Basen
	SH-Reagenzien
	Harnstoff
	Detergenzien

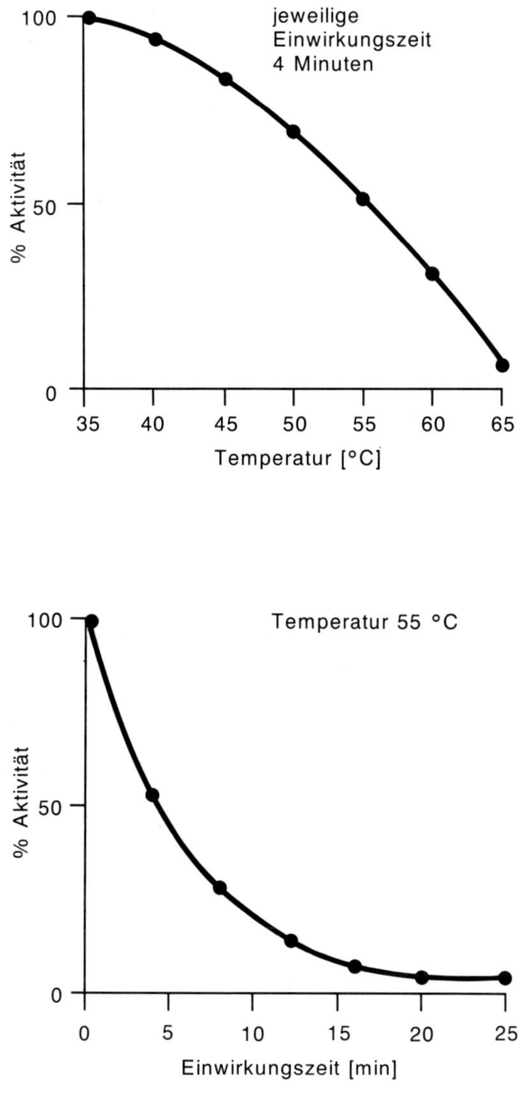

Abb. 4.6. Eine Enzymdenaturierung ist abhängig von Art und Stärke des schädigenden Einflusses und von der Einwirkungszeit. Beispiel: Hitzedenaturierung der Acetylcholinesterase (E. C. 3.1.1.7) aus dem elektrischen Aal (Electrophorus electricus)

geführten Maßnahmen tatsächlich denaturiert wird, muß im Einzelfall durch einen Versuch festgestellt werden. Die einzelnen Enzyme weisen große individuelle Unterschiede in ihrer Stabilität gegenüber denaturierenden Einflüssen auf.

In der Regel werden bei der Denaturierung keine Peptidbindungen gelöst, so daß die Primärstruktur der Enzyme erhalten bleibt. Damit wäre im Prinzip jede Denaturierung reversibel, d. h. es müßte durch geeignete Maßnahmen gelingen, die biologisch aktive, native Struktur wieder herzustellen. In der Praxis zeigt sich, daß viele der Enzymdenaturierungen tatsächlich irreversibel sind, z. B. die Hitze-Denaturierung, wie in Abbildung 4.7 dargestellt wird. In anderen Fällen, wie z. B. der Reduktion durch SH-Reagenzien mit Spaltung von Disulfidbrücken, kann durch vorsichtige Oxidation unter Umständen die native Struktur wieder hergestellt werden und eine Denaturierung damit reversibel gestaltet werden.

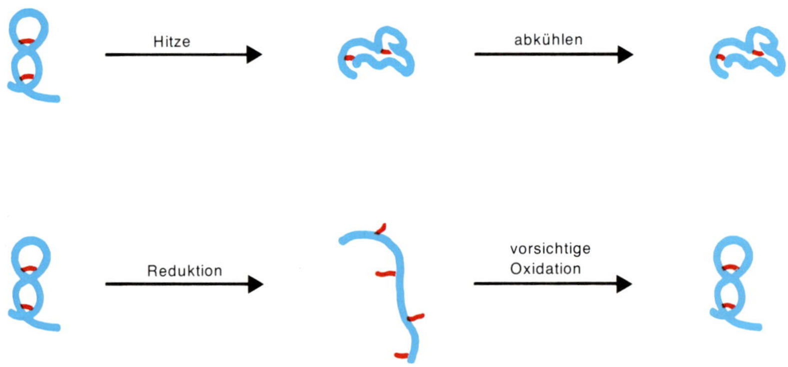

Abb. 4.7. Änderungen der nativen Konformation (Denaturierungen) können reversibel oder irreversibel sein

5 Coenzyme und Cofaktoren

oder
Enzyme benötigen spezielle Reagenzen in Form der Coenzyme oder Cofaktoren.

Die Coenzyme wurden vor 100 Jahren von Bertrand entdeckt, wichtigstes Kriterium dabei war, daß es sich zum Unterschied von den Enzymen um thermostabile, also durch Hitzeeinwirkung nicht zerstörbare Stoffe handelte (Tabelle 5.1).

Tabelle 5.1. Unterschiede zwischen Enzymen und Coenzymen

Enzyme	Cofaktoren oder Coenzyme
Thermolabil	Thermostabil
Hochmolekular, d. h. nicht dialysierbar	Niedermolekular, d. h. dialysierbar
Protein	Nicht-Protein
Kein Verbrauch (Katalysator)	Verbrauch (Stöchiometrie)

Aufgrund ihrer Durchgängigkeit durch semipermeable Membranen wurden die Coenzyme als niedermolekular erkannt; es zeigte sich später, daß sie bei der enzymatischen Reaktion in festem molaren Zahlenverhältnis mit dem Substrat verbraucht werden (Stöchiometrie).

Nicht alle Enzyme benötigen Coenzyme. So wurden schon früh Enzyme mit Cofaktorbedarf als zusammengesetzte Eiweißkörper (sogenannte Proteide) den allein wirksamen Enzymen (Proteinen) gegenübergestellt (Abb. 5.1).

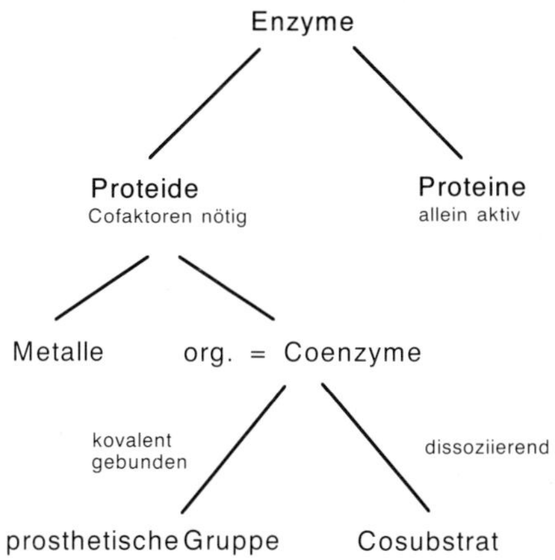

Abb. 5.1. Enzyme mit Cofaktorbedarf wurden früher als Proteide („zusammengesetzte Eiweißkörper“) bezeichnet

Bei den Cofaktoren kann es sich um Metalle handeln oder um organische Moleküle: die Coenzyme. Coenzyme können durch eine chemische Bindung mit dem Enzym verbunden sein, man nannte sie dann häufig prosthetische Gruppe des Enzyms, oder sie können abdissoziieren, dann wurden sie zuweilen Cosubstrate genannt.

Viele Spurenelemente entfalten ihre Wirkung im Organismus, indem sie für bestimmte Enzyme als Cofaktoren wirken (Tabelle 5.2). Auch in größerer Menge vorkommende Ionen, wie Natrium und Kalium, können neben anderen Funktionen als Cofaktoren wirken.

Tabelle 5.2. Viele Enzyme benötigen Metallionen (Spurenelemente)

Enzym	Benötigte Metalle
Cytochromoxidase	Eisen und Kupfer
Hexokinase	Magnesium
Alkalische Phosphatase	Zink und Magnesium
Alkoholdehydrogenase	Zink
ATPase	Natrium und Kalium
Arginase	Mangan
Urease	Nickel
Nitratreduktase	Molybdän
Glutathionperoxidase	Selen

Für über 80 Enzyme ist das Zinkion als Cofaktor nötig. Das Zn^{++}-Ion ist an die verschiedenen Enzyme unterschiedlich fest gebunden (Tabelle 5.3).

Tabelle 5.3. Mehr als 80 Enzyme benötigen das Spurenelement Zink als Cofaktor

Enzym	Zn-Atome pro Enzymmolekül
Alkoholdehydrogenase	4
Glutamatdehydrogenase	2
Leucinaminopeptidase	6
Carboxypeptidase	1
Carboanhydrase	1
Alkalische Phosphatase	4

Die Coenzyme werden stöchiometrisch mit dem Substrat bei der Enzymreaktion umgesetzt (Abb. 5.2). Im dargestellten Fall der Milchsäureoxidation durch Laktatdehydrogenase müßte das entstehende $NADH_2$ laufend oxidiert werden. Dies geschieht in diesem Fall, indem der Wasserstoff über die Coenzyme der Atmungskette auf Sauerstoff übertragen wird, wobei das sogenannte Oxidationswasser als ein Endprodukt des Stoffwechsels entsteht. Hier kann also das veränderte Coenzym abdissoziieren und wird durch andere Enzyme regeneriert.

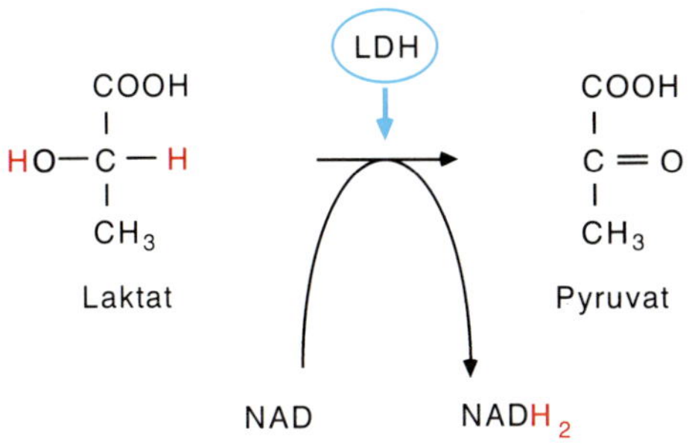

Abb. 5.2. Coenzyme werden im Verhältnis 1:1 mit dem Substrat verbraucht: Stöchiometrie. Die Laktatdehydrogenase oxidiert Laktat zu Pyruvat, der Wasserstoff wird vom Coenzym NAD übernommen

Im Falle der Transaminasen (Abb. 5.3), dargestellt ist die Glutamat-Oxalacetat-Transaminase (GOT), wird das benötigte Coenzym Pyridoxalphosphat (PAL) im enzymatischen Kreisprozeß selbst regeneriert, indem es kurzfristig vom Substrat Glutaminsäure die Aminogruppe übernimmt und sie sofort auf das zweite Substrat, die Oxalessigsäure, überträgt.

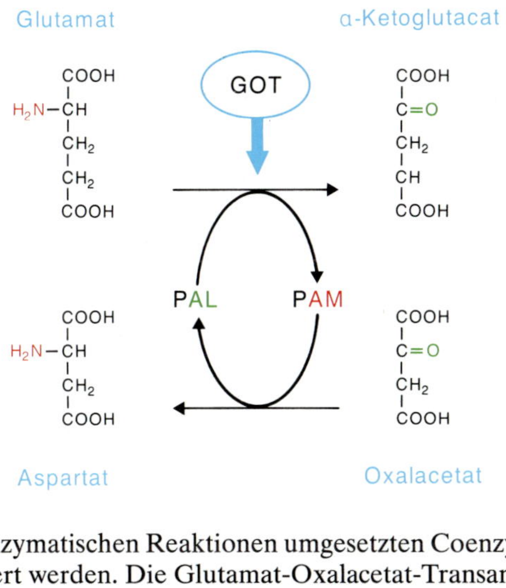

Abb. 5.3. Die bei enzymatischen Reaktionen umgesetzten Coenzyme müssen in Folgereaktionen regeneriert werden. Die Glutamat-Oxalacetat-Transaminase (GOT) katalysiert die Reaktion Glutaminsäure + Oxalacetat zu Ketoglutarat + Asparaginsäure. Die Aminogruppe wird vom Coenzym Pyridoxalphosphat (PAL) übernommen zum Pyridoxaminphosphat (PAM) und dann auf Oxalacetat übertragen

Ein großer Teil der Coenzyme kann nicht vollständig im Säugetierorganismus synthetisiert werden, sondern es müssen hier bestimmte Bausteine mit der Nahrung in kleiner Menge zugeführt werden – man spricht von Vitaminen (Tabelle 5.4). Die üblicherweise für den Menschen je Tag zuzuführende Menge der meisten Vitamine bewegt sich im Milligrammbereich (0,5 – 10 mg), Ausnahmen sind das B_{12} mit 10 µg und das Vitamin C, von dem mindestens 70 mg und eventuell mehr (durchaus noch kontrovers diskutiert: bis mehrere Gramm je Tag) zugeführt werden müssen.

Tabelle 5.4. Zur Synthese mancher Coenzyme müssen Vitamine als Bausteine mit der Nahrung aufgenommen werden

Coenzym	Vitamin	Funktion
Nikotinamidadenindinukleotide NAD und NADP	Nikotinsäure, Nikotinamid (Vit.-B_2-Komplex)	Dehydrogenasen
Flavinadenindinukleotid (FAD)	Riboflavin	Dehydrogenasen
Flavinmononukleotid (FMN)	Riboflavin (Vitamin B_2)	
Coenzym A (CoASH)	Pantothensäure (Vit.-B_2-Komplex)	Fettsäureaktivierung
Thiaminpyrophosphat (TPP)	Thiamin (Vitamin B_1)	Oxidative Decarboxylierung
Pyridoxalphosphat (PAL)	Pyridoxin (Vitamin B_6)	Aminosäurestoffwechsel
Tetrahydrofolsäure	Folsäure (Vit.-B_2-Komplex)	C_1-Stoffwechsel
Biotin	Biotin (Vitamin H)	CO_2-Fixierung
B_{12}-Coenzym	Cobalamin (Vitamin B_{12})	Isomerisierung von Carbonsäuren
Ascorbat	Ascorbinsäure (Vitamin C)	Hydroxylierung
Phyllochinon	Phyllochinon (Vitamin K)	Carboxylierung von Proteinen

Einen Teil der Coenzyme, so auch die meisten Coenzyme der Atmungskette, kann der menschliche Organismus vollständig selbst synthetisieren (Tabelle 5.5).

Fehlen bestimmte Vitamine, tritt ein Mangel an den aus ihnen zu synthetisierenden Coenzymen auf, der zu einer herabgesetzten Aktivität der davon abhängigen Enzyme führt. Als Folge davon entstehen charakteristische Krankheitsbilder (Tabelle 5.6).

Aufgrund der in den westlichen Industrienationen qualitativ und quantitativ sehr verbesserten Versorgung mit hochwertigen Nahrungsstoffen treten die

Tabelle 5.5. Einige Coenzyme kann der tierische Organismus vollständig aus eigenen Bausteinen synthetisieren

Coenzym	Funktion
Cytochrome b	Atmungskette
c	Atmungskette
a	Atmungskette
Ubichinon	Atmungskette
Liponsäure	Oxidative Decarboxylierung
Adenosintriphosphat (ATP)	Energietransfer
Adenosylmethionin	Methylierung
Phosphoadenylsulfat (PAPS)	Sulfateinbau
Cytidintriphosphat (CTP)	Phospholipidsynthese
Uridintriphosphat (UTP)	Glykosidsynthese

Tabelle 5.6. Vitaminmangel bedingt durch herabgesetzte Enzym-Coenzym-Wirkung schwere Stoffwechselstörungen

Vitaminmangel	Herabgesetzte Enzymaktivitäten	Krankheitsbild
Vitamin B_1	Oxidative Decarboxylierung Transketolase	Beriberi
Nikotinsäureamid	Oxidoreduktasen	Pellagra
Vitamin C	Proteinhydroxylasen	Skorbut
Vitamin B_{12}	Carbonsäure-Isomerasen und andere	Perniziosa
Vitamin K	Proteincarboxylasen	Hämorrhagie

meisten aufgeführten Erkrankungen hier nicht mehr auf; in der Dritten Welt sind sie leider noch sehr häufig und führen insbesondere bei Kindern zu irreversiblen Entwicklungsstörungen.

Einige synthetische Stoffe, aber auch manche natürlichen Gifte und Arzneimittel, entfalten ihre Anti-Metabolitwirkung, indem sie aufgrund chemischer Ähnlichkeit Vitamine und Coenzyme verdrängen, ohne aber deren Wirkung zu übernehmen (Abb. 5.4). Für das „posttranslational processing" der Gerinnungsfaktoren mit Ca^{++}-Bindung ist die Einführung zusätzlicher Carboxylgruppen in Glutaminsäurereste mit Hilfe des Vitamins K notwendig.

Cumarinderivate verdrängen hier das Coenzym Vitamin K, so daß die Synthese der Gerinnungsfaktoren herabgesetzt wird und ihre Konzentration im Blut abfällt. Bei gezielter und kontrollierter Anwendung ist dies ein guter und bekannter Weg zur Thromboseprophylaxe. Allerdings führt eine Überdosierung zu massiven Blutungen.

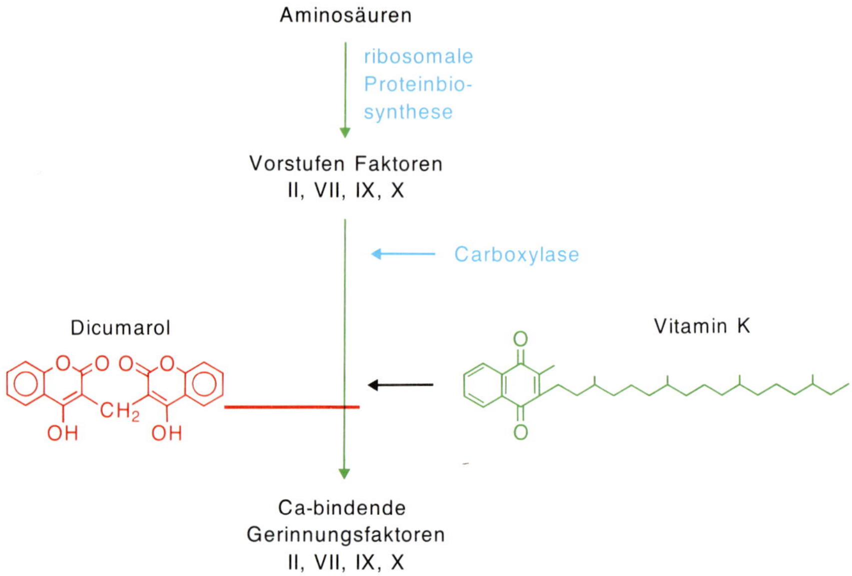

Abb. 5.4. Durch Antivitamine oder Antimetabolite können Enzymaktivitäten therapeutisch erniedrigt werden: Dicumarine verdrängen Vitamin K und verhindern die posttranslationale enzymatische Fertigstellung von 4 Gerinnungsfaktoren

Auch in der Tumortherapie werden Vitamin- bzw. Coenzym-Antagonisten angewandt (Abb. 5.5).

Durch Methotrexat kann die Synthese des Coenzyms Tetrahydrofolsäure gehemmt werden, dadurch wird die Thymidilatsynthetase-Aktivität herabge-

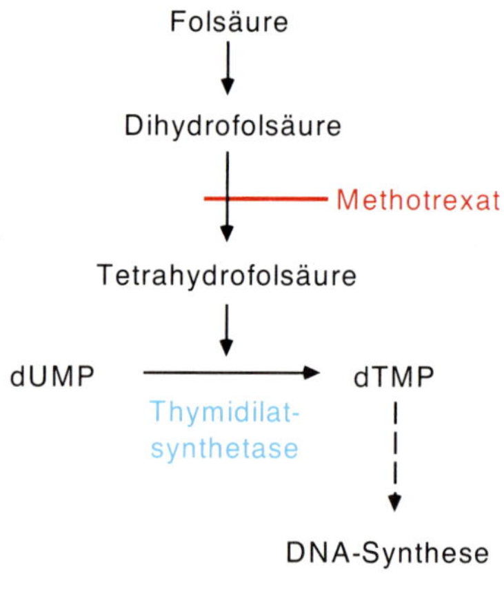

Abb. 5.5. Folsäureantagonisten hemmen die Dihydrofolatreduktase, es kommt zu einer Störung von Purinbiosynthese und Thymidilatsynthese: zytostatische Therapie

setzt, es kommt zu einer Störung der Desoxythymidinphosphat-Synthese und letztlich zu einer Hemmung der Desoxyribonukleinsäure-Synthese.

Dies wirkt sich in allen Zellen aus, bestimmte Tumorzellen aber, die einen höheren DNA-Umsatz haben, werden stärker geschädigt als normale Zellen.

Ähnliche Effekte haben Sulfonamide im Bakterienstoffwechsel (Abb. 5.6). Allerdings besteht hier eine sehr selektive Wirkung auf Bakterien, denn tierische Zellen benötigen die Syntheseschritte zum Aminobenzoylglutamat nicht, sondern führen als Vitamin die komplette Folsäure zu.

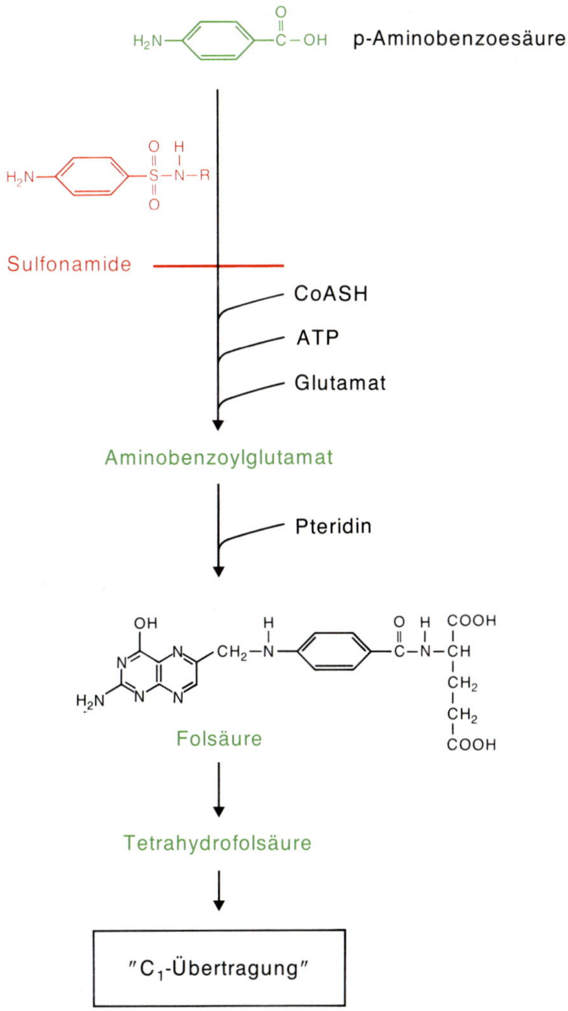

Abb. 5.6. Bei Bakterien bewirken Sulfonamide eine Hemmung der Folsäuresynthese

6 Spezifität und Mechanismus der Enzymwirkung

oder
Enzyme zeigen Substratspezifität und Wirkungsspezifität

Damit ein Substrat (S) zum Produkt (P) durch ein Enzym umgewandelt werden kann, muß es zunächst an das Enzymprotein angelagert werden. Dies erfolgt im aktiven Zentrum des Enzyms. Das Substratmolekül muß sehr genau in das aktive Zentrum hineinpassen. Emil Fischer hat das vor 50 Jahren mit dem Schlüssel-Schloß-Beispiel sehr schön verdeutlicht (Abb. 6.1).

Der oft diskutierte Gegensatz zu der von Koshland formulierten Theorie der induzierten Anpassung (induced fit) existiert im Grunde nicht: Die Schlüssel-Schloß-Analogie muß nur erweitert werden um die Tatsache, daß sowohl das Substratmolekül als auch in ganz besonderem Maße das Enzymmolekül viele verschiedene äußere Formen (Konformationen) annehmen kann. So kann ohne weiteres im Enzym-Substrat-Komplex das Enzym die Substratkonformation und das Substrat die Enzymkonformation in gewisser Weise verändern. Das Beispiel, daß das Kleidungsstück die Figur und die Figur die Kleidungsstücke verändern kann, mag dies anschaulich machen.

Meist lagert ein sehr großes Enzymmolekül (Molekulargewicht 50000–200000) in sein aktives Zentrum ein relativ viel kleineres Substratmolekül (Molekulargewichte 100–1000) an (Abb. 6.2). Für diese Fälle enzymatischer Umsetzungen liegen die meisten Untersuchungen vor, und hierauf beziehen sich auch die meisten Regeln, Gesetze und Theorien der Enzymwirkung. Die interessanteren Moleküle im lebenden Organismus sind aber Makromoleküle, also Strukturen, die ebenso groß oder unter Umständen um ein Vielfaches größer sind als die Enzyme. Auch diese Makromoleküle werden von verschiedenen Enzymen aufgebaut und abgebaut (Abb. 6.3). Häufig kommt es dann vor, daß ein solches Riesenmolekül von vielen einzelnen Enzymmolekülen gleichzeitig besetzt wird. Auch hier muß dann die Stelle des Substrats, die verändert oder gespalten werden soll, in das aktive Zentrum der Enzyme passen.

Ähnlich wie in dem Schlüssel-Schloß-Beispiel mit dem alleinigen Ineinanderpassen noch nichts passiert – soll rechts oder links gedreht, gedrückt werden, wird ein Riegel bewegt oder ein elektrischer Kontakt hergestellt? –, so können die meisten Substrate in vielerlei Weise chemisch umgesetzt werden.

Kennzeichen der Enzyme sind nun, daß sie jeweils nur eine von vielen möglichen Reaktionen katalysieren, also beschleunigen, man spricht in Ergänzung zur Substratspezifität von Wirkungsspezifität.

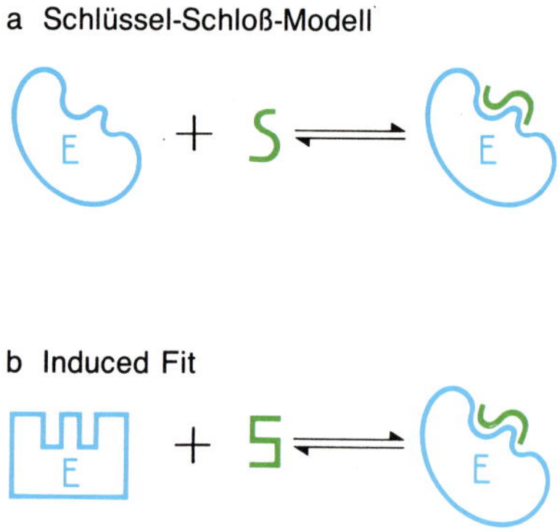

Abb. 6.1. Substratspezifität. Die Schlüssel-Schloß-Vorstellung (Emil Fischer) und die Induced-Fit-Theorie (Koshland) stellen nur scheinbar einen Gegensatz dar

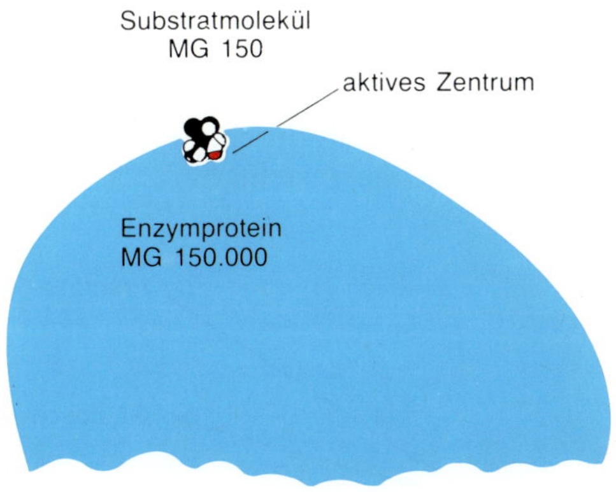

Abb. 6.2. Bei den meisten Enzymen lagert ein großes Enzymmolekül (z. B. Molekulargewicht 150 000) ein relativ kleines Substratmolekül (z. B. Molekulargewicht 150) an

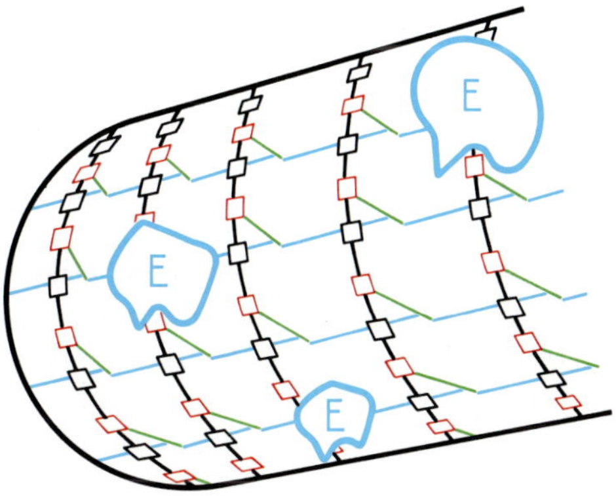

Abb. 6.3. Bei makromolekularen Substraten können u. U. viele Enzymmoleküle gleichzeitig an verschiedenen Stellen wirken. Im Bild spalten 3 Lysozymmoleküle (MG 13 000) ein Riesenmolekül Murein. (MG 10 000 000)

So konkurrieren zum Beispiel in der Leberzelle des Menschen vier verschiedene Enzyme um das Substrat Glucose-6-phosphat: alle haben also dieselbe Substratspezifität (Abb. 6.4). Nach der Anlagerung an diese vier Enzyme wird aus dem Glucose-6-phosphat, jeweils durch die verschiedene Wirkungsspezifität, ein ganz anderes Produkt hergestellt.

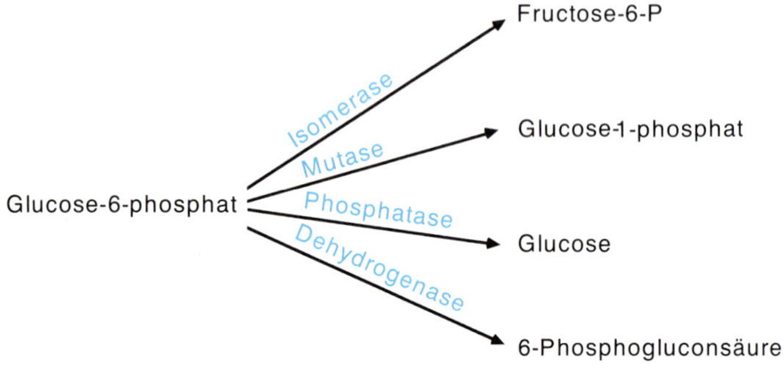

Abb. 6.4. Wirkungsspezifität: Glucose-6-phosphat kann von 4 verschiedenen Enzymen umgesetzt werden

Die Mutase hängt die Phosphatgruppe von C-6 auf C-1, eine Reaktion, die für den Glykogenstoffwechsel notwendig ist. Die Isomerase leitet den glykolytischen Abbau ein, indem sie Fructose-6-phosphat freisetzt. Die Glucose-6-phosphatdehydrogenase (G-6-PDH) ist ein Enzym der direkten Glucoseoxidation des Pentosephosphatzyklus. Es produziert mit $NADPH_2$ Wasserstoff für Biosynthesen und Pentosen für die Nukleinsäure-Synthese. Im klinischen Betrieb ist sie ein wichtiges Enzym für die enzymatische Glucosebestimmung. Die Phosphatase in der Leber spaltet hydrolytisch den Ester und stellt so freie Glucose her, die nur in dieser Form ins Blut – Regulation des Blutzuckers – abgegeben werden kann. Angeborenes Fehlen dieses Enzyms führt zu einer schweren Form der Glykogenspeicherkrankheit.

Konkurrieren verschiedene Enzyme mit gleicher Substrat-, aber verschiedener Wirkungsspezifität um denselben Metaboliten, so spricht man auch von Stoffwechselalternativen oder einem Verzweigungspunkt des Stoffwechsels. Dies sei am Beispiel des Pyruvats verdeutlicht (Abb. 6.5). Sechs Enzyme bzw. Enzymsysteme konkurrieren um dieses Substrat und bestimmen, je nach ihrer Aktivität, in welche Richtung der Pyruvat-Stoffwechsel verläuft.

Neben der Konkurrenz verschiedener Enzyme um ein Substrat (Enzymkonkurrenz, Stoffwechselalternativen, Verzweigungspunkte des Stoffwechsels) kommt auch eine Konkurrenz verschiedener Substrate um ein bestimmtes Enzym vor (Tabelle 6.1).

Die Alkoholdehydrogenase (ADH) der Leber setzt neben Äthylalkohol auch Propanol und Butanol, also die entsprechenden C_3- und C_4-Alkohole,

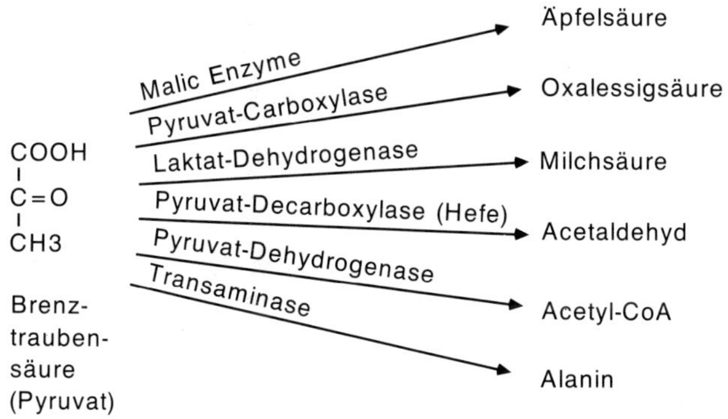

Abb. 6.5. Wirkungsspezifität: Pyruvat kann durch 6 verschiedene Enzyme in 6 verschiedene Produkte umgesetzt werden, d. h. Enzyme bestimmen die Intensität und die Richtung des Stoffwechsels – Enzymkonkurrenz

Tabelle 6.1. Ein und dasselbe Enzym kann verschiedene Substrate umsetzen: Substratkonkurrenz. Die Alkoholdehydrogenase (E. C. 1.1.1.1) der Leber kann 3 verschiedene Alkohole umsetzen

	Umsatzgeschwindigkeit	K_m
Methanol	0	–
Äthanol	135	$2{,}0 \cdot 10^{-3}$ M
Propanol-1	146	$2{,}3 \cdot 10^{-4}$ M
Butanol-1	215	$2{,}2 \cdot 10^{-4}$ M
Propanol-2	0	–

um. Diese werden nicht nur schneller umgesetzt, sondern auch bevorzugt angelagert, wie an niedrigeren K_m-Werten deutlich wird. Auch manche Arzneimittel können mit dem Äthanol um das abbauende Leberenzym, die Alkoholdehydrogenase, konkurrieren, es resultiert dann häufig eine Alkoholunverträglichkeit.

Eine lebende Zelle muß als ein offenes System im Fließgleichgewicht betrachtet werden (Abb. 6.6): Ausgangssubstrate, Nährstoffe, wie Glucose, Aminosäuren, Fettsäuren und Sauerstoff werden aufgenommen und Endprodukte, z. B. Kohlendioxid und Wasser, werden abgegeben. Hierin unterscheidet sich eine Zelle nicht von allen anderen energieproduzierenden bzw. -umwandelnden technischen Systemen. Der Unterschied liegt darin, daß in technischen Systemen die Energiefreisetzung in einer einzigen chemischen Reaktion – Explosion, Flamme u. a. – erfolgt, wobei alle Energie auf einmal frei wird und Druck bzw. Hitze entsteht. In lebenden Zellen dagegen erfolgen die Umsetzungen enzymatisch in vielen Einzelschritten, wobei die Zwischenprodukte, die Metaboliten, entstehen.

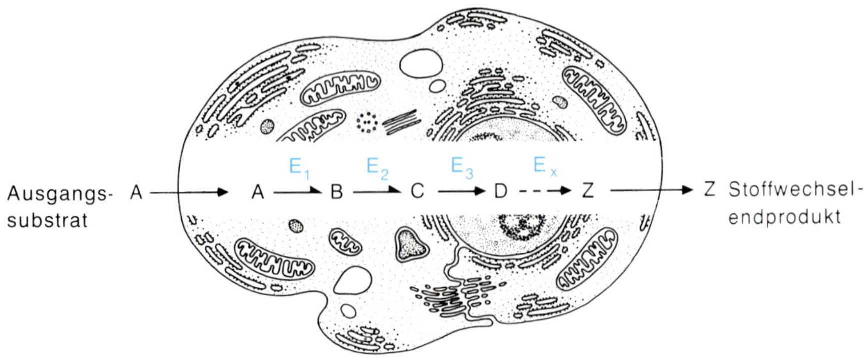

Abb. 6.6. Die Zelle als offenes System im Fließgleichgewicht (steady state). Die stationären Konzentrationen der Metabolite A, B, C usw. werden durch die Aktivitäten der Enzyme bestimmt

Das Produkt der ersten Enyzmreaktion ist das Substrat des zweiten Enzyms usw. Die einzelnen Metabolitkonzentrationen in einer Zelle richten sich dabei nach der Enzymgeschwindigkeit der Bildung und der Geschwindigkeit des Abbaus durch das nächste Enzym.

Auch der gesamte vielzellige Organismus muß genau wie die einzelne Zelle als ein System im Fließgleichgewicht gesehen werden (Abb. 6.7). Nährstoffe und O_2 fließen ein, werden in vielen Einzelschritten enzymatisch zur Reaktion gebracht, die energieärmeren Endprodukte CO_2, H_2O und Harnstoff werden abgegeben. Die Energiedifferenz [2 500 Kilokalorien (kcal) entsprechen etwa 10 000 Kilojoule (kJ)] geht zu zwei Drittel als Wärme verloren, ein Drittel wird über enzymatische energetische Koppelung zur ATP-Synthese verwendet.

Diese durchschnittlich 70 kg ATP pro Tag stehen dann für energieverbrauchende enzymatische Prozesse zur Verfügung: Muskelarbeit, Neubildung von Körpersubstanz, Resorptionsvorgänge usw. Durchschnittlich wird der ATP/ADP-Bestand (zwischen 10 und 50 g) des Körpers etwa alle 10–60 Sekunden einmal vollständig umgesetzt.

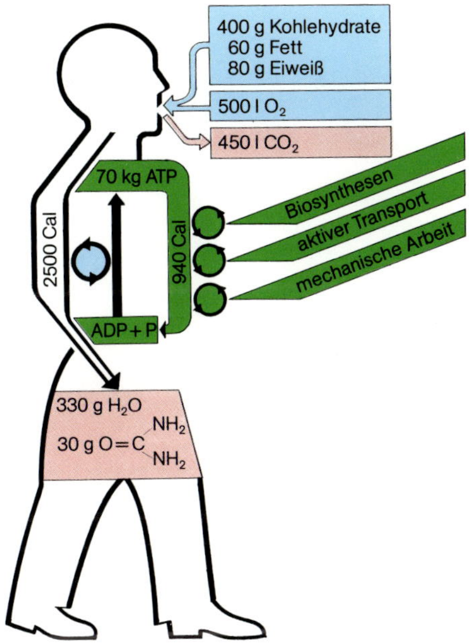

Abb. 6.7. Auch der vielzellige Organismus als Ganzes ist ein offenes System im Fließgleichgewicht

Für eine große Anzahl von Enzymen ist der molekulare Mechanismus ihrer Wirkung aufgeklärt: Meist sind im aktiven Zentrum der Enyzme polare Aminosäurereste an der eigentlichen Reaktion beteiligt, so daß chemisch viele enzymatische Umsetzungen nach dem Mechanismus der Säure-Basen-Katalyse verlaufen.

Für die Spaltung von Peptidbildungen von Proteinen durch das Trypsin konnte gezeigt werden, daß mindestens drei Aminosäurereste im aktiven Zentrum des Trypsins direkt an der eigentlichen hydrolytischen Wirkung beteiligt sind (Abb. 6.8). Als erstes wird das Protein als Substrat angelagert zum Enzym-Substrat-Komplex. Durch Zusammenwirken von Histidin und Serin erfolgt ein Übergang des Peptids an der Spaltstelle als Serinester auf das Enzym, wobei das erste Spaltprodukt mit der freigesetzten Aminogruppe frei wird. Das zweite Produkt wird aus der Esterbindung an das Serin im aktiven Zentrum durch Aufnahme von Wasser freigesetzt.

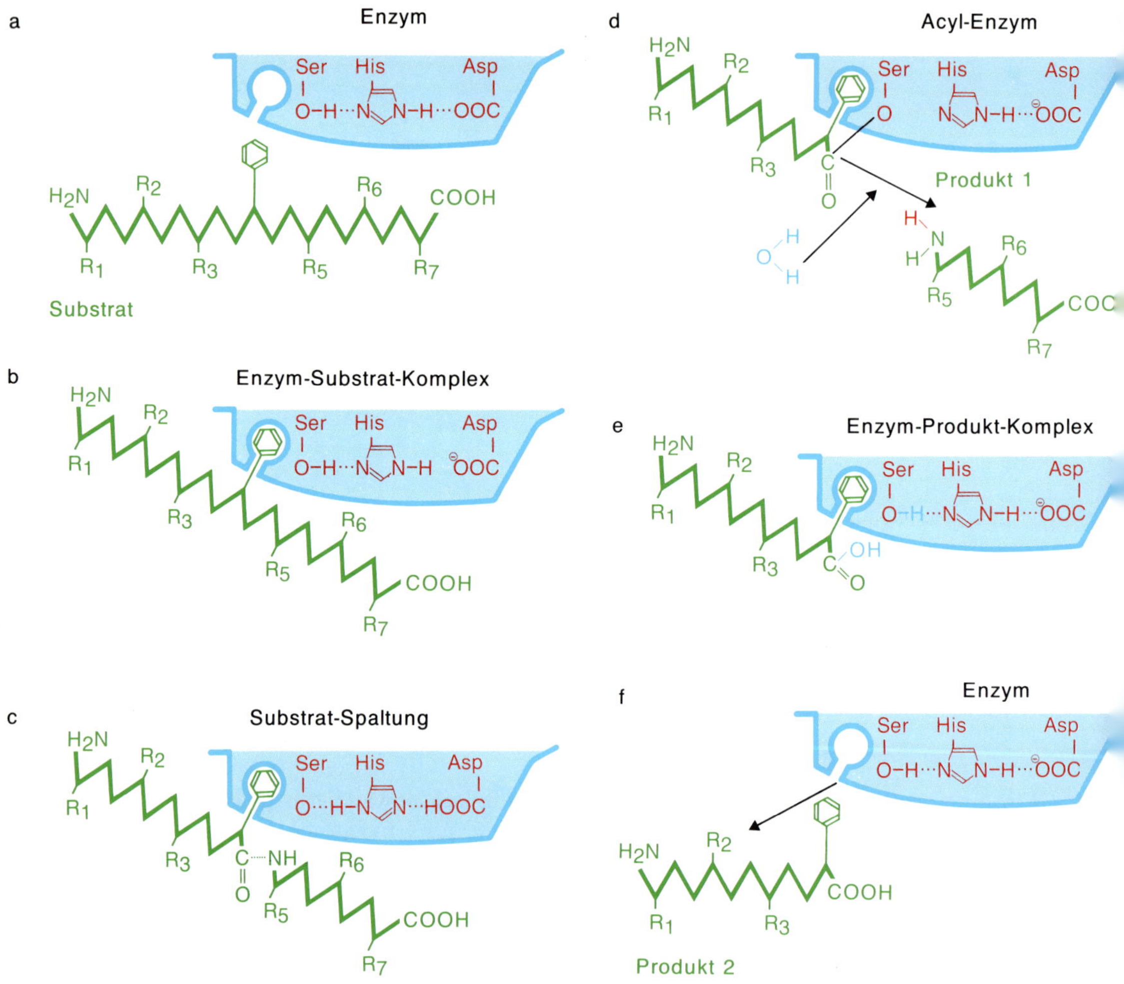

Abb. 6.8. Mechanismus der Trypsinwirkung. An der Hydrolyse einer Peptidbindung sind im aktiven Zentrum des Trypsins mehrere Aminosäurereste mit ihren funktionellen Gruppen beteiligt

7 Enzymkinetik

Enzyme als biologische Katalysatoren beschleunigen chemische Reaktionen. Alle chemischen Reaktionen streben einem natürlich vorgegebenen Gleichgewicht zu, dieses ist jeweils gekennzeichnet durch die Gleichgewichtskonstante (K), eine Naturkonstante (Abb. 7.1). Prinzipiell kann das Gleichgewicht einer chemischen Reaktion von beiden Seiten – von der Seite der Substrate oder von der Seite der Produkte – erreicht werden. Bei der Reaktion auf das Gleichgewicht hin wird Energie frei, im Reaktionsdiagramm als G angedeutet. Enzyme können nur Reaktionen auf das Gleichgewicht hin, also Reaktionen, bei denen Energie frei wird (exergone Reaktionen), katalysieren. Die Lage von chemischen Gleichgewichten und die Energieveränderungen bei ihrer Einstellung beschreibt die Thermodynamik oder Energetik. Die Thermodynamik sagt nichts darüber aus, mit welcher Geschwindigkeit und auf welche Weise ein chemisches Gleichgewicht eingestellt wird; dies beschreibt die Kinetik. Enzyme können nur Reaktionen katalysieren, die thermodynamisch möglich sind.

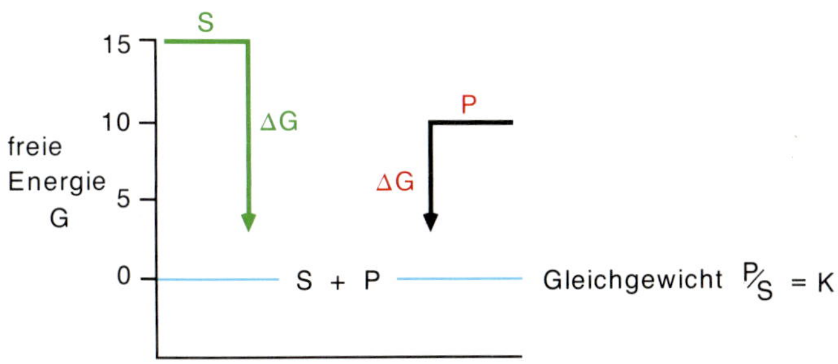

Abb. 7.1. Enzyme katalysieren nur Reaktionen auf ein natürlich vorgegebenes Gleichgewicht hin

Tatsächlich sind die meisten Substrate im Stoffwechsel weit von ihrem Gleichgewicht mit Produkten entfernt, sie könnten, thermodynamisch (energetisch) gesehen, reagieren, tun dies aber nicht. Man nennt dies einen metastabilen Zustand. Der metastabile Zustand ist dadurch bedingt, daß für das Ingangsetzen der Reaktion erst eine Aktivierungsenergie zugeführt werden muß (Abb. 7. 2). Aktivierungsenergie ist diejenige Energie, die im ersten Teil einer Reaktion zugeführt werden muß, gleich danach aber wieder frei wird. Thermodynamisch tritt die Aktivierungsenergic nicht in Erscheinung, sie wird zugeführt und quantitativ wieder frei, an der Energieausbeute der Gesamtenergie einer Reaktion ändert sie nichts.

Die Aktivierungsenergie dient also nur zur Überwindung einer gewissen Barriere vor der Reaktion.

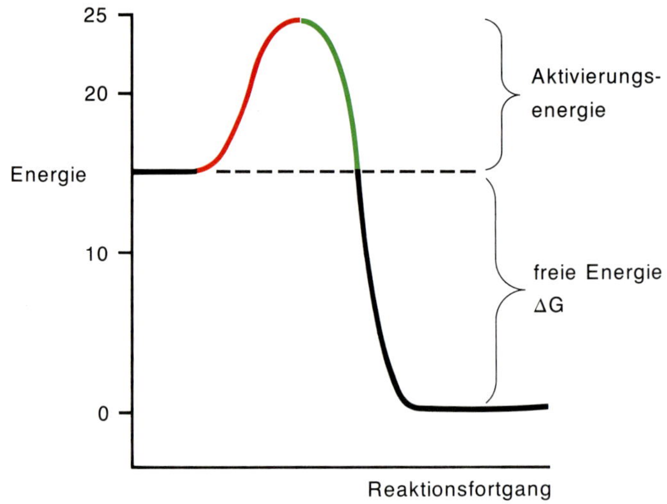

Abb. 7.2. Die meisten biologischen Substrate sind metastabil: Erst die Zufuhr von Aktivierungsenergie setzt die Reaktion in Gang

Die Wirkung eines Katalysators und damit auch eines Enzyms besteht nun darin, die nötige Aktivierungsenergie herabzusetzen (Abb. 7.3), so daß im aktiven Zentrum, im Enzym-Substrat-Komplex, schon bei normaler Temperatur und normalem Druck die Reaktion abläuft.

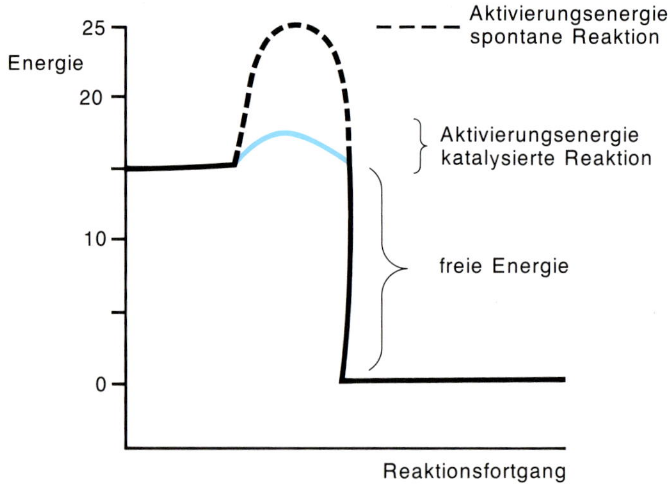

Abb. 7.3. Enzyme erniedrigen die Aktivierungsenergie

Die vorhandene Menge Katalysator bzw. Enzym bestimmt dann, wieviel Substrat je Zeiteinheit umgesetzt wird.
An der Gesamtenergieausbeute einer chemischen Reaktion ändert sich nichts, wenn diese Reaktion in verschiedener Weise in Gang gesetzt wird (Abb. 7.4). So liefert 1 g Alkohol bei vollständiger Oxidation eine Energiemenge von 30 kJ, egal ob er im Spirituskocher bei Normaldruck verbrannt wird, ob er unter Druck im Explosionsmotor gezündet wird, oder ob er im lebenden Organismus bei Normaldruck und Normaltemperatur durch 17 Enzyme schrittweise abgebaut wird. Das letztere (biologische) Verfahren ist nicht nur das angenehmste, sondern auch das schonendste, weil es bei 37 °C und Normaldruck, also sehr „umweltfreundlich“, abläuft.

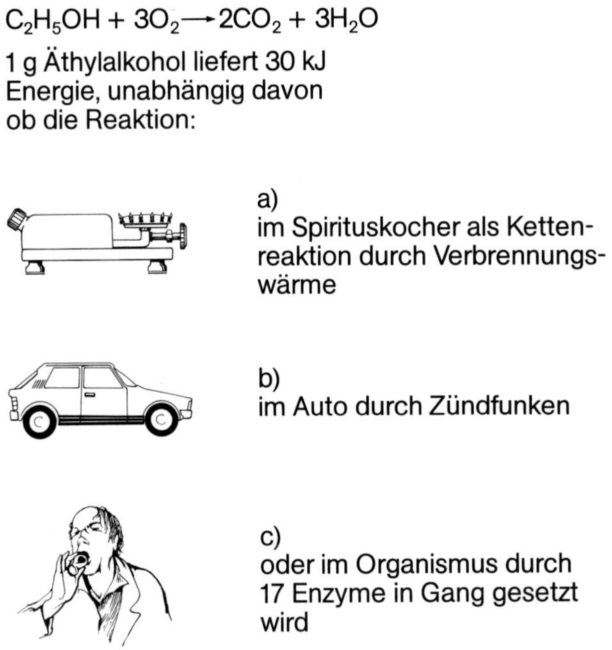

Abb. 7.4. Die Geschwindigkeit einer Umsetzung (Kinetik) verändert nicht die Energieausbeute. (Energetik = Thermodynamik)

Bereits zu Beginn unseres Jahrhunderts fanden Michaelis und Menten, daß die Aktivität vieler Enzyme in charakteristischer, gesetzmäßiger Weise von der Substratkonzentration abhängt (Abb. 7.5). Ausgehend vom Nullwert führt ein Ansteigen der Substratkonzentration zunächst zu einem fast linearen Anstieg der Aktivität, bei weiterer Erhöhung der Substratkonzentration verringert sich der Aktivitätsanstieg, um sich asymptotisch einem Grenzwert zu nähern. Für die 10 Wertepaare der Tabelle 7.1 ist eine Maximalgeschwindigkeit (V_{max}) von 100 µmol/min angenommen worden; die halbmaximale Geschwindigkeit 1/2 V_{max} ist also bei einer Substratkonzentration von 1 x 10^{-4} mol/l erreicht. Die Substratkonzentration für die halbmaximale Geschwindigkeit eines Enzyms wird als Michaelis-Konstante für dieses Enzym bezeichnet.

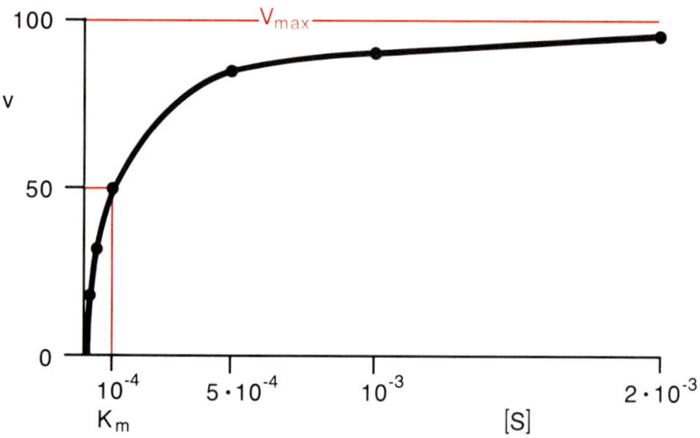

Abb. 7.5. Die Substratabhängigkeit eines Enzyms kann doppelt linear (nach Michaelis und Menten) aufgetragen werden

Tabelle 7.1. Enzymaktivitäten zeigen eine jeweils charakteristische Abhängigkeit von der Substratkonzentration

Versuch	Substratkonzentration mol/l	Substratumsatz v = µmol/min
1	0	0
2	$1 \cdot 10^{-5}$	9
3	$2 \cdot 10^{-5}$	17
4	$5 \cdot 10^{-5}$	33
5	$1 \cdot 10^{-4}$	50
6	$5 \cdot 10^{-4}$	83
7	$1 \cdot 10^{-3}$	91
8	$2 \cdot 10^{-3}$	95
9	$1 \cdot 10^{-2}$	99
10	$1 \cdot 10^{-1}$	100

Die lineare Auftragung der Wertepaare der Tabelle 7.1 im sogenannten Michaelis-Plot ergibt eine rechtwinklige Hyperbel. Der parallele Verlauf zur Abszisse ergibt V_{max}, der Substratwert bei 1/2 V_{max} ergibt K_m.

Die Kurve wird beschrieben durch die Michaelis-Gleichung:

$$v = \frac{V_{max} \cdot S}{K_m + S}$$

Sind V_{max} und K_m bekannt, kann nach der Michaelis-Gleichung für jede beliebige Substratkonzentration das zugehörige v berechnet werden.

Bewährt hat sich auch eine halblogarithmische Auftragung der Substratabhängigkeit eines Enzyms: log S gegen v (Abb. 7.6). Es resultiert eine symmetrische sigmoide Kurve, deren Wendepunkt bei K_m liegt.

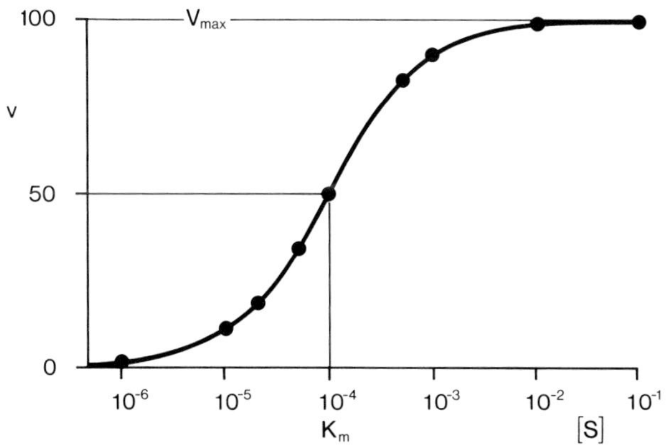

Abb. 7.6. Die halblogarithmische Auftragung log S gegen v ergibt einen sigmoiden Verlauf. Der Wendepunkt der sigmoiden Kurve liegt bei K_m

Die Grundlage bzw. Erklärung dieser (Michaelis-)Kinetik faßten Michaelis und Menten in dem bekannten Reaktionsschema zusammen:

$$E + S \underset{k_{-1}}{\overset{k_{+1}}{\rightleftharpoons}} ES \overset{k_{+2}}{\rightarrow} E + P$$

Danach wird zunächst in einer sehr schnellen Reaktion ein Enzym-Substrat-Komplex ES gebildet (k_{+1}, k_{-1}, k_{+2} usw. sind Geschwindigkeitskonstanten 1. bzw. 2. Ordnung).

Nach dem Massenwirkungsgesetz kann für den Enzym-Substrat-Komplex eine Dissoziationskonstante K_s angegeben werden:

$$K_s = \frac{E \cdot S}{ES}$$

Die Gleichgewichtskonstante K_s ergibt sich aus den Geschwindigkeitskonstanten:

$$K_s = \frac{k_{-1}}{k_{+1}}$$

In die praktisch wichtige Michaelis-Konstante K_m geht zusätzlich noch die Geschwindigkeit ein, mit der ES in EP verwandelt wird, also k_{+2}, häufig der langsamste und damit geschwindigkeitsbestimmende Schritt der gesamten Reaktionsfolge:

$$K_m = \frac{k_{-1} + k_{+2}}{k_{+1}}$$

Es sind diverse Verfahren angegeben worden, um die Abhängigkeit der Umsatzgeschwindigkeit v von der Substratkonzentration zu linearisieren, um so direkt auf V_{max} und K_m extrapolieren zu können.

Eisenthal und Cornish-Bowden haben eine direkte lineare Methode angegeben, mit der V_{max} und der negative Wert von K_m aus einem Diagramm abgelesen werden können (Abb. 7.7 a und b). Hierzu werden die untersuchten Substratkonzentrationen linear auf der Abszisse mit den zugehörigen linear aufgetragenen Werten von v auf der Ordinate durch jeweils eine Gerade verbunden. Der Schnittpunkt der Geraden ergibt auf der Ordinate V_{max}, auf der ins Negative verlängerten Abszisse $-K_m$.

Die anderen Linearisierungsverfahren der Substratabhängigkeit von Enzymen beruhen auf Umformungen der Meßwerte. In Tabelle 7.2 sind die direkten Meßwerte der Tabelle 7.1 entsprechend umgerechnet.

Tabelle 7.2. Linearisierungsverfahren beruhen auf der Umformung der Meßwerte (Werte aus Tabelle 7.1)

Versuch	1/S	1/v	S/v	v/S
2	10^5	0,1111	$1,11 \cdot 10^{-6}$	$9,0 \cdot 10^5$
3	$5 \cdot 10^4$	0,0588	$1,17 \cdot 10^{-6}$	$8,5 \cdot 10^5$
4	$2 \cdot 10^4$	0,0303	$1,51 \cdot 10^{-6}$	$6,6 \cdot 10^5$
5	10^4	0,0200	$2,00 \cdot 10^{-6}$	$5,0 \cdot 10^5$
6	$2 \cdot 10^3$	0,0120	$6,02 \cdot 10^{-6}$	$1,7 \cdot 10^5$
7	10^3	0,0109	$1,10 \cdot 10^{-5}$	$9,1 \cdot 10^4$
8	$5 \cdot 10^2$	0,0105	$2,10 \cdot 10^{-5}$	$4,7 \cdot 10^4$
9	10^2	0,0101	$1,01 \cdot 10^{-4}$	$9,9 \cdot 10^3$
10	10^1	0,0100	$1,00 \cdot 10^{-3}$	$1,0 \cdot 10^3$

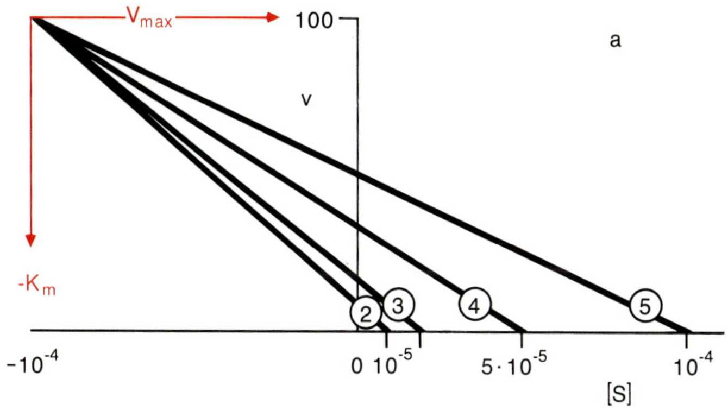

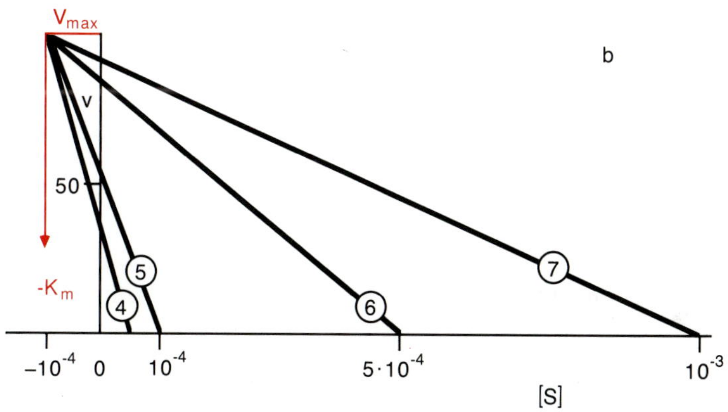

Abb. 7.7. Die direkte lineare Darstellung der Substratabhängigkeit nach Eisenthal und Cornish-Bowden ergibt V_{max} und K_m. **a** Niedrige Substratkonzentrationen und **b** hohe Substratkonzentrationen aus Tabelle 7.1

Die am häufigsten benutzte Darstellung ist die doppelt reziproke Auftragung der Meßwerte nach Lineweaver und Burk (Abb. 7.8). Der Schnittpunkt der Geraden mit der Ordinate ergibt $1/V_{max}$ bei unendlich hoher Substratkonzentration an ($1/S_\infty = 0$). Der Schnittpunkt mit der Abszisse ergibt

$$-\frac{1}{K_m}$$

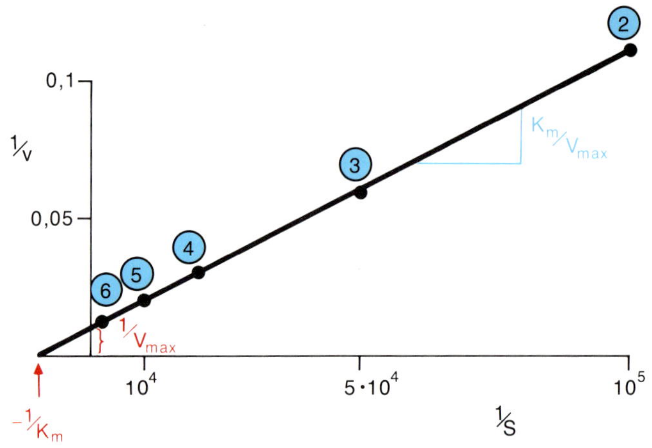

Abb. 7.8. Doppelt reziproke Auftragung nach Lineweaver und Burk

Die Lineweaver-Burk-Auftragung eignet sich in besonderer Weise zur Analyse von Hemmtypen der Enzyminhibitoren. Ein Nachteil des Verfahrens ist allerdings, daß die niedrigen Substratkonzentrationen weit auseinander liegen und damit die entscheidende Steigung der Geraden wesentlich beeinflussen, während die größer werdenden Substratkonzentrationen im linken Teil der Abbildung immer enger beieinander liegen. Um dies zu verdeutlichen, wurden die Meßwertnummern aus den Tabellen mit in das Diagramm eingetragen. Es sei darauf hingewiesen, daß die hier nicht berücksichtigten 4 Wertepaare 7, 8, 9 und 10 auf 4 mm vor der Ordinate eingetragen werden müßten!

Ungleiche Abstände der Meßpunkte auf der Geraden, wenn auch weniger ausgeprägt als bei dem Lineweaver-Burk-Verfahren, zeigt auch die Auftragung S/v gegen S, die zuerst von Hanes und unabhängig von ihm auch von Woolf angegeben wurde (Abb. 7.9).

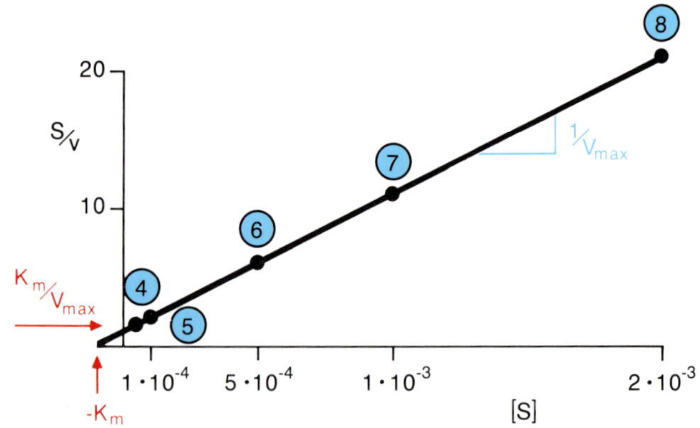

Abb. 7.9. Auftragung nach Hanes bzw. Woolf

Eine sehr genaue graphische Methode mit relativ gleichmäßiger Auftragung fast aller Meßpunkte in einem Diagramm haben drei verschiedene Arbeitsgruppen unabhängig voneinander entwickelt (Eadie; Hofstee; Augustinsson). Aufgetragen wird hierbei v gegen v/S (Abb. 7.10).

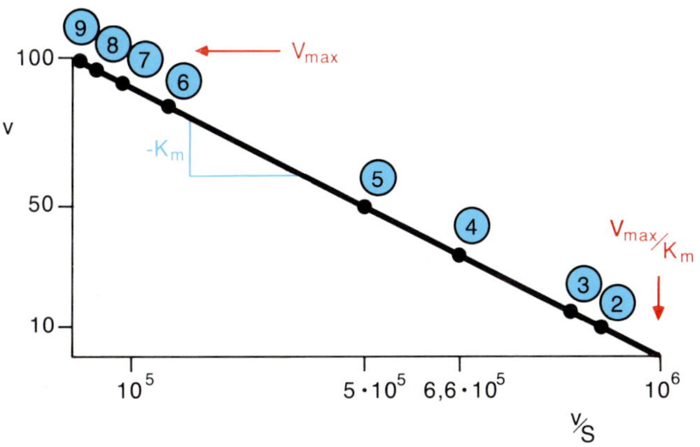

Abb. 7.10. Auftragung nach Eadie, bzw. nach Hofstee, bzw. nach Augustinsson

Im Grunde wurden diese Auftragungen sogar von fünf verschiedenen Arbeitsgruppen unabhängig voneinander angegeben, denn was als Scatchard-plot oder als Auftragung nach Klotz dargestellt wird, ist mit v/S gegen v lediglich ein Auswechseln von X- und Y-Achse (Abb. 7.11).

Der K_m-Wert hat die Dimension einer Mengenkonzentration (mol/l) und gibt diejenige Substratkonzentration an, bei der ein Enzym die Hälfte seiner maximalen Umsatzgeschwindigkeit erreicht. Für ein bestimmtes Enzym mit einem bestimmten Substrat ist dies sozusagen eine charakteristische Naturkonstante. Je kleiner K_m, desto größer ist die Affinität zwischen Enzym und Substrat (Tabelle 7.3).

Bei einer Substratkonzentration, die dem K_m-Wert entspricht, liegt im statistischen Mittel jeweils nur die Hälfte der Enzyme als Enzym-Substrat-Komplex (ES) vor, ist also aktiv, während die andere Hälfte frei als E vorliegt, also kein Substrat angelagert hat und auch kein Produkt (P) bildet (Abb. 7.12 a, b).

Für viele Enzyme liegen am Ort ihrer Wirkung Substratkonzentrationen im Bereich ihres K_mWertes vor, es herrscht in vivo also häufig 50% „Arbeitslosigkeit". Dies stellt eine wichtige Kapazitätsreserve dar zur schnellen Anpassung an Belastungen, bzw. es ist ein wichtiges Regulationsprinzip: Abfall eines Substrats führt zu weiterem Abfall von ES und damit zu noch geringerem Substratumsatz, ein Anstieg von S führt zu einer vermehrten Anlagerung und zu vermehrtem Umsatz.

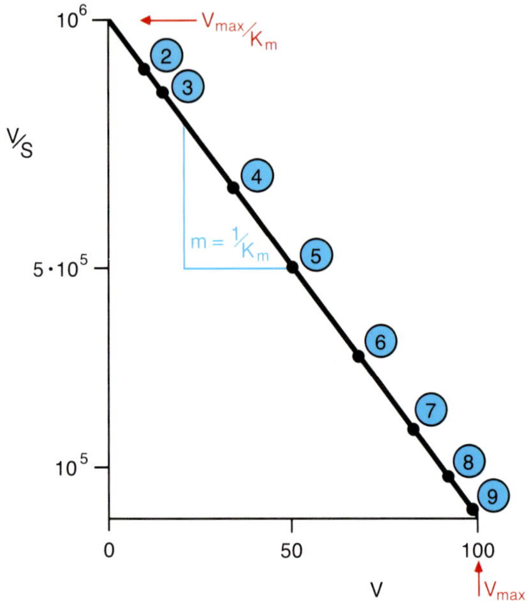

Abb. 7.11. Auftragung nach Scatchard bzw. nach Klotz

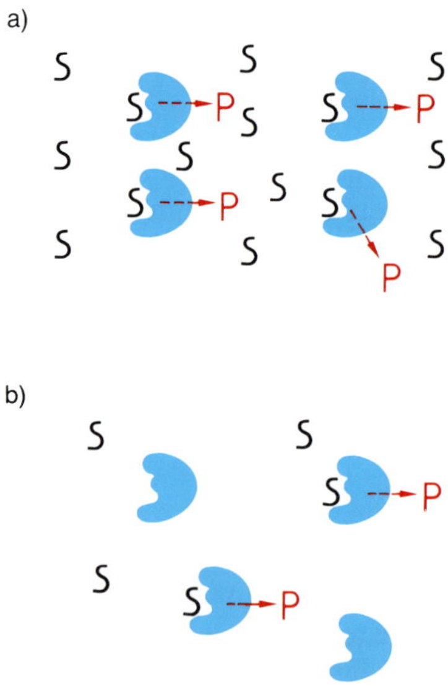

Abb. 7.12. a Enzymverhalten bei Substratsättigung. **b** Bei Halbsättigung einer Enzymlösung mit Substrat ($S = K_m$) sind 50% der Enzymmoleküle „unbeschäftigt“

Tabelle 7.3. K_m beschreibt die Affinität zwischen Enzym und Substrat: je kleiner K_m, desto größer die Affinität der Enzyme zum Substrat

Enzym	Substrat	K_m [mol/l]
Katalase	H_2O_2	$2 \cdot 10^{-2}$
Carboanhydrase	H_2CO_3	$1 \cdot 10^{-2}$
Chymotrypsin	Acetyltryptophanamid	$5 \cdot 10^{-3}$
Glutamatdehydrogenase	α-Ketoglutarat	$2 \cdot 10^{-3}$
Hexokinase	Glucose	$1 \cdot 10^{-4}$
Penicillinase	Benzylpenicillin	$5 \cdot 10^{-5}$
Lysozym	Hexaacetylglucosamin	$6 \cdot 10^{-6}$

Die meisten Enzyme weisen K_m-Werte auf, die zwischen 10^{-3} und 10^{-6} liegen. Setzt ein Enzym verschiedene Substrate um, ergeben sich unter Umständen für jedes Substrat ganz unterschiedliche K_m-Werte.

Auch wenn ein Enzym mehrere Substrate oder Coenzyme gleichzeitig benötigt bzw. in reversibler Reaktion arbeitend auch die Produkte umsetzt, ergeben sich für jedes Substrat oder auch für jedes Coenzym charakteristische K_m-Werte (Tabelle 7.4).

K_m-Werte sagen etwas aus über die Affinität zwischen Enzym und Substrat, also bei welcher Substratkonzentration die Hälfte der Enzymmoleküle „beschäftigt“ ist, mithin als ES vorliegen. Über die eigentliche Umsatzgeschwindigkeit (v) sagen die K_m-Werte nichts aus.

Tabelle 7.4. Enzyme mit mehreren Substraten haben für diese jeweils unterschiedliche K_m-Werte

Enzym	Substrate	K_m [mol/l]
Laktatdehydrogenase	Laktat	$9 \cdot 10^{-3}$
	NAD	$1 \cdot 10^{-4}$
	Pyruvat	$6 \cdot 10^{-5}$
	$NADH_2$	$1 \cdot 10^{-5}$
Pyruvatcarboxylase	Pyruvat	$4 \cdot 10^{-4}$
	HCO_3^-	$1 \cdot 10^{-3}$
	ATP	$5 \cdot 10^{-5}$
Glutamat-Oxalacetat-Transaminase GOT	Glutamat	$4 \cdot 10^{-3}$
	Oxalacetat	$4 \cdot 10^{-5}$
	Aspartat	$9 \cdot 10^{-4}$
	α-Ketoglutarat	$1 \cdot 10^{-4}$

Für Enzyme, deren Molekulargewicht genau bekannt ist und die in sehr reiner Form vorliegen, kann die molekulare Aktivität bestimmt werden (Tabelle 7.5). Diese wird auch als Wechselzahl oder „turnover number“ bezeichnet. Sie gibt an, wieviel Moleküle Substrat von einem Molekül Enzym bei Substratsättigung je Zeiteinheit umgesetzt werden.

Tabelle 7.5. Molekulare Aktivitäten verschiedener Enzyme

Enzym	Wechselzahl pro Minute
Lysozym	30
Tryptophansynthetase	120
Phenylalanin-t-RNA-Synthetase	300
DNA-Polymerase I	900
Succinatdehydrogenase	1 200
Chymotrypsin	6 000
Laktatdehydrogenase	60 000
Penicillinase	120 000
Amylase	1 000 000
Acetylcholinesterase	3 000 000
Katalase	5 000 000
Carboanhydrase	36 000 000

Sehr langsam „arbeitet“ das Lysozym, es setzt 30 Substratmoleküle je Minute um, d. h., die Umsetzung eines Moleküls des Substrats im aktiven Zentrum ES → EP, dauert 1/30 Minute, also 2 Sekunden. Das schnellste bisher bekannte Enzym ist die Carboanhydrase, die die Reaktion $CO_2 + H_2O \rightarrow H_2CO_3$ katalysiert, eine Reaktion, die für den Abtransport des CO_2 aus dem Gewebe zur Lunge und dort zur Ausscheidung von großer Bedeutung ist.

Die Carboanhydrase setzt pro 1 Minute 36 Millionen Substratmoleküle um; ein einzelner Substratmolekülumsatz bzw. Reaktionszyklus dauert hier nur 1,6 µs, also rund eine Millionstel Sekunde!

Andererseits gilt für Enzyme (wie vielleicht auch für die menschliche Affinität zur Arbeit im Vergleich zur tatsächlichen Effektivität), daß der K_m-Wert nichts über die tatsächliche Umsatzgeschwindigkeit aussagt. Die Carboanhydrase mit ihrer extrem hohen Wechselzahl hat eine niedrige Affinität zum Substrat CO_2 (mit $8 \cdot 10^{-3}$ ein relativ großer K_m-Wert), während das so langsame Lysozym eine hohe Affinität (niedriger K_m-Wert für das Hexaacetylglucosamin) zum Substrat hat (Tabelle 7.6).

Bei der Untersuchung der Substratabhängigkeit zeigen manche Enzyme eine mehr oder minder starke Abweichung von der hyperbolen Substratbindungskurve in Richtung einer mehr sigmoiden Bindungskurve. Man nennt dies im Gegensatz zur klassischen Michaelis-Kinetik eine kooperative Substratbindung (Abb. 7.13).

Tabelle 7.6. Die Affinität zum Substrat und die molekulare Aktivität sind voneinander unabhängig

Enzym	Substrat	K_m [mol/l]	V_{max} (Wechselzahl pro 1 min)
Lysozym	Hexaacetylglucos-amin	$6 \cdot 10^{-6}$	30
Acetylcholinesterase	Acetylcholin	$1 \cdot 10^{-4}$	3 000 000
Carboanhydrase	CO_2	$8 \cdot 10^{-3}$	36 000 000

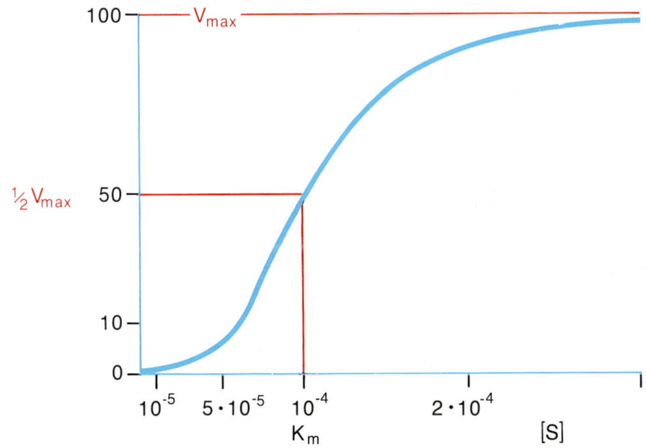

Abb. 7.13. Kooperativität: Manche Enzyme zeigen eine sigmoide Substratbindungskurve

Kooperative Enzyme bestehen aus mindestens zwei Untereinheiten (Tabelle 7.7). Das klassische und seit mehr als 100 Jahren hierzu intensiv untersuchte Versuchsmodell ist das Hämoglobin mit seinen vier Untereinheiten, in dem jede Untereinheit ein O_2 binden kann. Die Bindung eines O_2 an eine Untereinheit beeinflußt dann die Konformation der nächsten Untereinheit im Sinne einer Erhöhung der Affinität für die Bindung des nächsten O_2.

Tabelle 7.7. Kooperative Proteine sind aus mehreren Untereinheiten aufgebaut

Protein	Zahl der Untereinheiten	Kooperative Bindung von
Hämoglobin	4	O_2
Phosphofruktokinase	4	Fruktose-6-phosphat
Glutamatdehydrogenase	6	Glutamat
Aspartattranscarbamylase	12	Aspartat

Vergleicht man ein Enzym mit Michaelis-Kinetik (Abb. 7.5) mit einem kooperativen Enzym (Abb. 7.13), so zeigt sich, daß die Zunahme der Umsatzgeschwindigkeit im Bereich der Halbsättigung, also des K_m-Werts, bei kooperativen Enzymen sehr viel steiler ist (Tabelle 7.8).

Das bedeutet, daß unter in-vivo-Bedingungen bei halbmaximaler Aktivität im Falle von kooperativen Enzymen eine Änderung der Substratkonzentration zu einer wesentlich schnelleren Anpassung führt als im Falle eines Enzyms mit Michaelis-Kinetik (Abb. 7.14).

Das Abweichen der kooperativen Enzyme von den üblichen hyperbolen Substratbindungen wird besonders deutlich im doppelt reziproken Lineweaver-Burk-Diagramm, in dem die kooperativen Enzyme keine Gerade ergeben (Abb. 7.15).

Ein Linearisierungsverfahren für die Untersuchung der Substratbindung von kooperativen Enzymen wurde von Hill beschrieben (Abb. 7.16). Beim Hill-Diagramm wird log $v/V_{max}-v$ gegen log S aufgetragen. Es resultiert eine Gerade, deren Steigung bei Michaelis-Enzymen 1 und bei Kooperativität größer als

Tabelle 7.8. Kooperative Enzyme (sigmoide Substratbindung) haben im Bereich des K_m-Wertes eine steilere Substratbindungskurve als Enzyme mit Michaelis-Kinetik (hyperbole Substratbindung)

S	V kooperativ	V nicht kooperativ
$1 \cdot 10^{-5}$	1	9
$2 \cdot 10^{-5}$	2	17
$5 \cdot 10^{-5}$	9	33
$1 \cdot 10^{-4}$	50	50
$2 \cdot 10^{-4}$	90	66
$5 \cdot 10^{-4}$	100	83

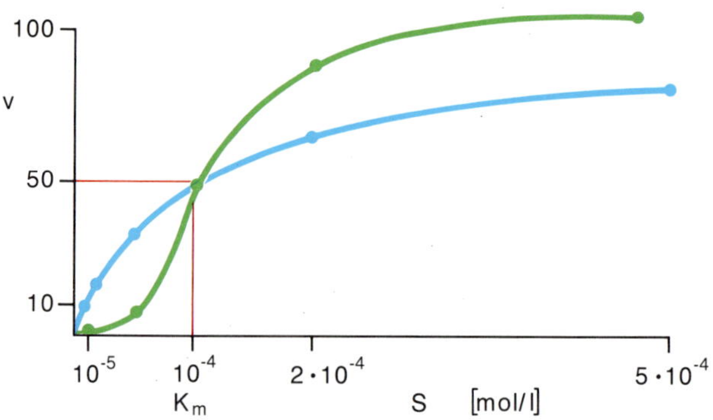

Abb. 7.14. Im Bereich des K_m-Wertes – hier die Substratkonzentration 10^{-4} mol/l – reagieren kooperative Enzyme sehr stark auf Änderungen der Substratkonzentration

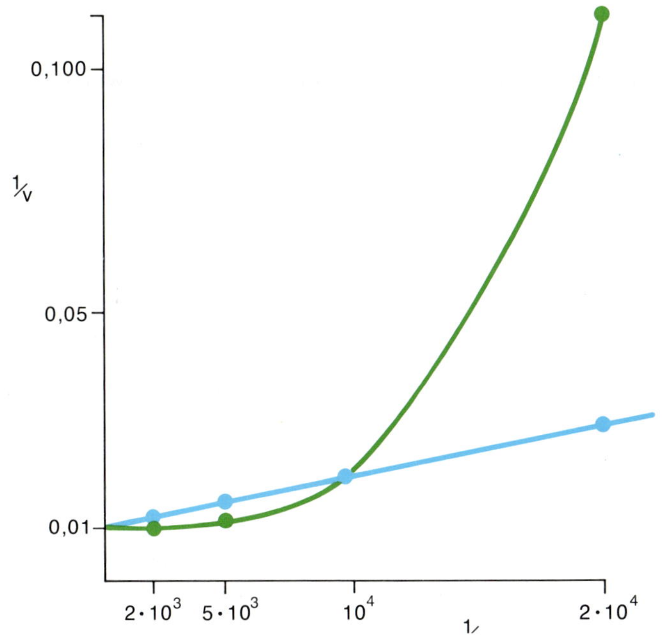

Abb. 7.15. Bei doppelt reziproker Auftragung (Lineweaver/Burk) ergeben kooperative Enzyme keine Gerade

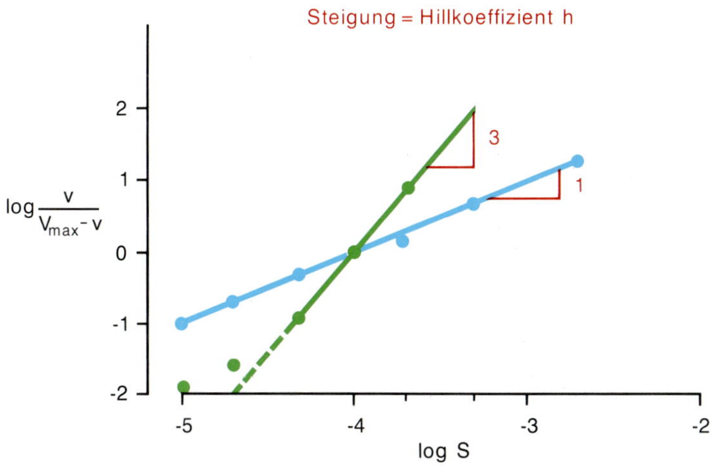

Abb. 7.16. Bei der Auftragung nach Hill ergeben kooperative Enzyme eine Gerade mit einer Steigung größer als 1 (Hill-Koeffizient)

1 ist. Die Steigung wird auch als Hill-Koeffizient h bezeichnet. Je größer h ist, um so stärker ist die Kooperativität.

Ein anderes Maß für die Stärke der Kooperativität wurde von Taketa und Pogell angegeben (Abb. 7.17). Sie untersuchten praktisch die Steilheit der Substratbindung im Bereich zwischen 10 und 90% der Maximalaktivität, indem sie die Quotienten aus den zu diesen Geschwindigkeiten gehörenden Substratkon-

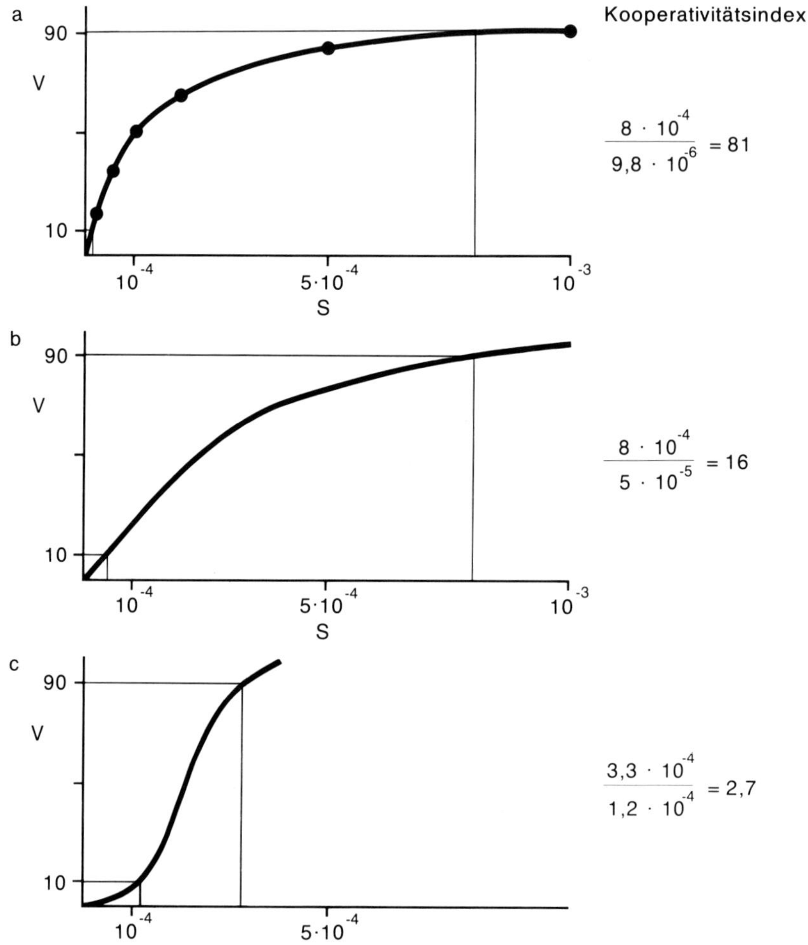

Abb. 7.17. Der Kooperativitätsindex R_S nach Taketa und Pogell ergibt sich aus dem Quotienten der Substratkonzentrationen für 0,9 V_{max} und 0,1 V_{max}:

$$R_s = \frac{S_{0,9}\ V_{max}}{S_{0,1}\ V_{max}}$$

a keine Kooperativität (Michaelis-Kinetik): $R_S = 81$, **b** schwache Kooperativität: $R_S = 16$, **c** starke Kooperativität: $R_S = 2{,}7$

zentrationen bildeten. Der Kooperativitätsindex R_S ist um so kleiner, je stärker die Kooperativität ist.

Die beiden Maße für die Stärke der Kooperativität sind in Tabelle 7.9 miteinander verglichen. Einem hohen Hill-Koeffizienten entspricht ein niedriger Kooperativitätsindex und umgekehrt (Tabelle 7.9).

Tabelle 7.9. Mit zunehmender Kooperativität steigt der Hill-Koeffizient, und der Kooperativitätsindex sinkt

	Hill-Koeffizient h	Kooperativitätsindex R_S
A Keine Kooperativität	1	81
B Schwache Kooperativität	1,5	16
C Starke Kooperativität	4,5	2,7

Häufig wird das Phänomen der kooperativen Substratbindung mit einem anderen regulatorischen Verhalten von Enzymen verwechselt, der sogenannten Allosterie. Der Grund hierfür ist, daß Kooperativität und Allosterie häufig gleichzeitig an ein und demselben Enzym vorkommen und daß beide Mechanismen sich wechselseitig beeinflussen.

Allosterische Enzyme können an anderer Stelle als dem katalytischen Zentrum Regulatormoleküle (Effektoren) anlagern; dieses zweite Zentrum wird auch als regulatorisches Zentrum bezeichnet (Abb. 7.18). Durch die Bindung des Effektors wird die Konformation des Enzyms verändert: durch positive Effektoren zu einer aktiveren Konformation (allosterische Aktivierung), durch negative Effektoren zu einer weniger aktiven Form (allosterische Hemmung). Sowohl die Kooperativität als auch die Allosterie beruhen darauf, daß diese Enzyme in zwei Konformationen vorliegen können: in einer enzymatisch wenig aktiven, gespannten Form und in einer aktiven, entspannten Form (Abb. 7.19).

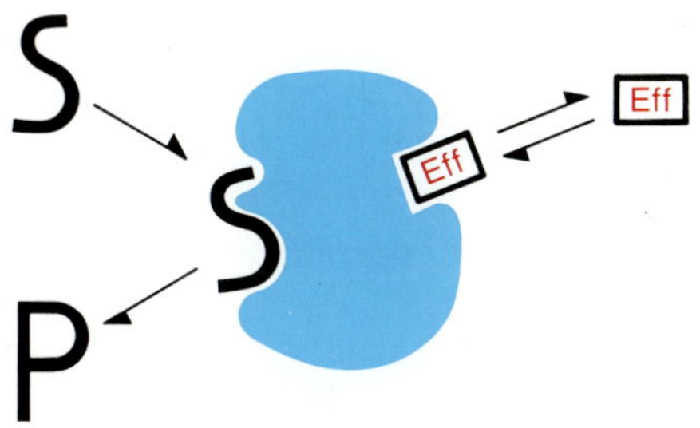

Abb. 7.18. Allosterische Enzyme haben, außer dem aktiven („katalytischen") Zentrum, eine weitere Bindungsstelle: Das allosterische („regulatorische") Zentrum für die Bindung eines Effektors

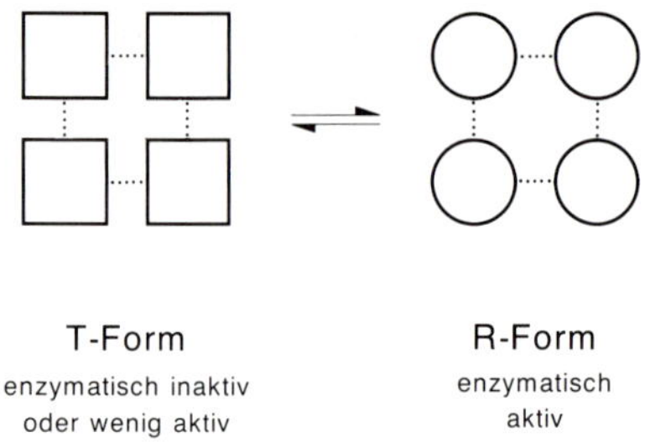

Abb. 7.19. Kooperative und allosterische Enzyme können in 2 Konformationen vorliegen: einer T-Form (tense = gespannt) oder einer R-Form (relaxed = entspannt)

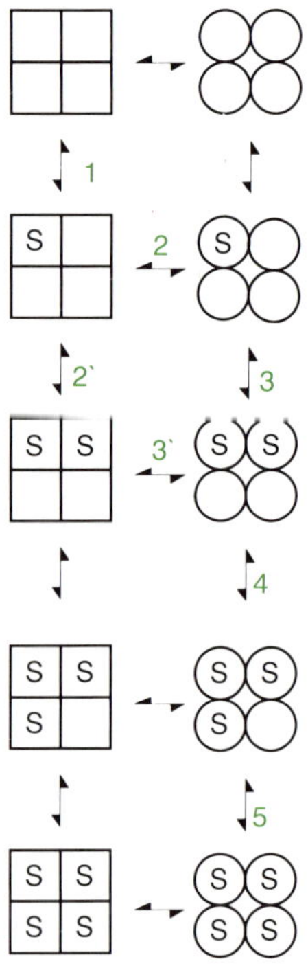

Abb. 7.20. Symmetriemodell der Kooperativität (Monod, Wyman, Changeux)

Beide Formen können ineinander übergehen: bei Kooperativität durch Anlagerung eines Substratmoleküls an eine Untereinheit, bei allosterischen Enzymen durch Bindung eines Effektors an das allosterische Zentrum. Streng genommen wird durch die Substrate bzw. die Effektoren lediglich das Gleichgewicht zwischen T- und R-Form verändert.

Von den Vorstellungen zur Erklärung kooperativer Substratbindung von Enzymen soll kurz das Symmetriemodell vorgestellt werden (Abb. 7.20). Danach können alle Untereinheiten nur in jeweils einer der beiden Konformationen vorliegen, also entweder alle in T-Form oder alle in R-Form. Es sind bei einem Enzym aus vier Untereinheiten multiple Gleichgewichte zwischen den R- und T-Formen möglich (13 Gleichgewichtskonstanten in Abb. 7.20). Die häufigsten Übergänge sind im Symmetriemodell durch die Zahlen 1, 2, 3, 4 und 5 angedeutet.

Wesentlich komplexer als das Symmetriemodell der Kooperativität ist das sequentielle Modell (Koshland-Modell). Hierbei können in einem Enzymmolekül aus mehreren Untereinheiten diese nebeneinander sowohl in der T- als auch in der R-Form vorkommen. Dadurch sind wesentlich mehr Gleichgewichtsreaktionen möglich als im Monod-Symmetriemodell. In Abb. 7.21 sind die wahrscheinlichsten Schritte der Substratsättigung und ihre Reihenfolge durch die Zahlen 1–8 angedeutet.

Kooperativität und Allosterie spielen im Stoffwechsel eine große Rolle bei solchen Enzymreaktionen, an denen Geschwindigkeit und Richtung des Stoffwechsels reguliert werden.

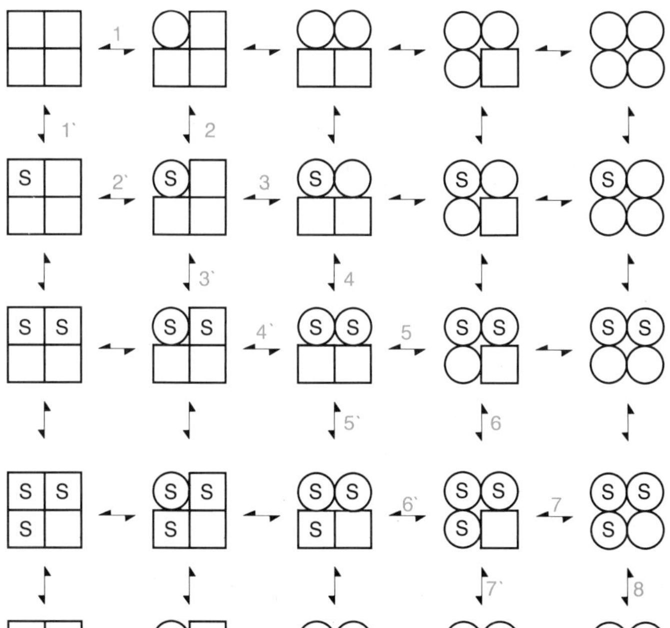

Abb. 7.21. Sequentielles Modell der Kooperativität (Koshland, Nemethy, Filmer)

Allosterische Enzyme können dabei durch den Übergang von der T-Form in die R-Form – und umgekehrt – in zweierlei Weise ihre kinetischen Eigenschaften ändern. Einmal kann durch die Effektoranlagerung die Michaelis-Konstante (die Affinität zum Substrat) verändert werden, wobei die Maximalgeschwindigkeit unverändert bleibt. Man spricht von Allosterie vom K-Typ (Abb. 7.22).

Positive allosterische Effektoren verschieben dabei die Substratbindungskurve nach links im Diagramm; das Enzym wird bei niedrigeren Substratkonzentrationen bereits gesättigt, während negative allosterische Effektoren die Kurve nach rechts zu höheren Substratkonzentrationen verschieben. Als Beispiel aufgeführt ist die Phosphofruktokinase. Diese ist das langsamste und damit geschwindigkeitsbestimmende Enzym der Glykolyse. Der negative allosterische Effekt von ATP ist insofern eine sehr sinnvolle Regulation, weil es bei einem hohen ATP – und damit notwendigerweise niedrigem ADP bzw. AMP – der Zelle vom energetischen Standpunkt aus gut geht, die ATP-Batterie ist sozusagen aufgeladen und voll, es wäre sinnlos, Glucose zur ATP-Gewinnung weiterhin abzubauen. Hat dagegen die Zelle einen hohen ATP-Verbrauch –

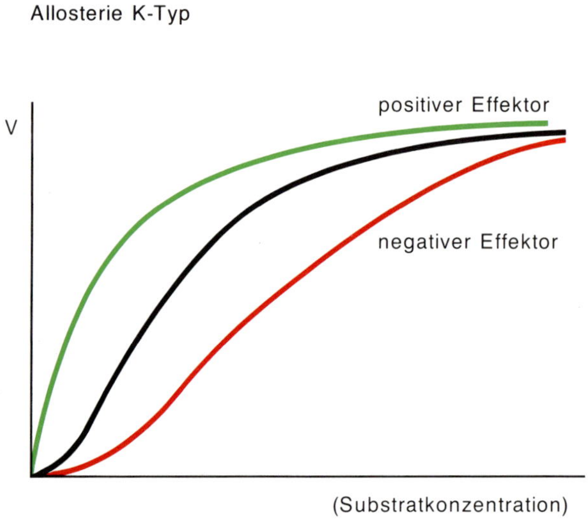

Beispiel	positiver Effektor	negativer Effektor
P-Fruktokinase	AMP, ADP, F-6-P	ATP Citrat
Pyruvatkinase	F-1,6-BP	

Abb. 7.22. Bei allosterischen Enzymen vom K-Typ wird durch die Bindung von Effektoren die Affinität zum Substrat verändert

z. B. eine Muskelzelle bei starker Aktivität –, so wird ATP abfallen und ADP ansteigen. Dadurch wird die Phosphofruktokinase positiv allosterisch beeinflußt, der Zuckerabbau zur Energiegewinnung (ATP-Produktion) wird gesteigert. Adenosinmonophosphat (AMP) als weiterer positiver Effektor der P-Fruktokinase ist physiologisch ebenfalls sehr sinnvoll, weil alle Zellen mit hohem ATP-Bedarf über die Adenylatkinase eine Reaktion zeigen, mit der aus 2 ADP ein zusätzliches ATP gewonnen werden kann:

$$\mathrm{ADP + ADP \rightarrow ATP + AMP}$$

Die andere Gruppe allosterischer Enzyme reagiert auf die Effektoren durch Veränderung ihrer Umsatzgeschwindigkeit (V_{max}), sie werden daher als allosterische Enzyme vom V-Typ bezeichnet (Abb. 7.23). Hier bleibt K_m gleich, V_{max} steigt an bei positiven Effektoren und fällt ab bei negativen.

Unter der Voraussetzung, daß in der lebenden Zelle meist mehr oder minder konstante Substratkonzentrationen ungefähr im Bereich der Halbsättigung der Enzyme vorliegen, bedeutet die Zugabe eines Effektors, unabhängig davon ob

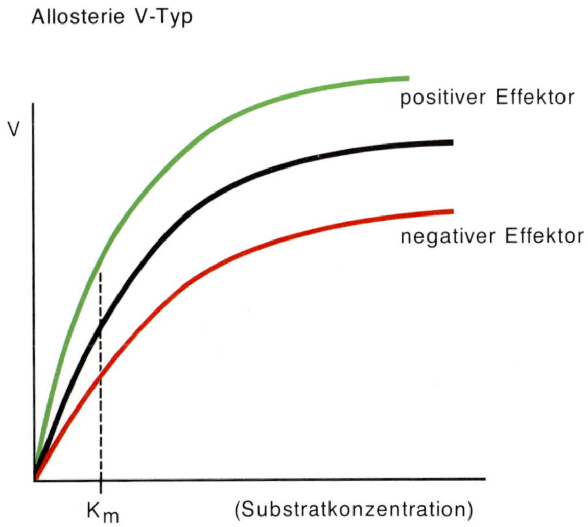

Beispiel	positiver Effektor	negativer Effektor
Pyruvatcarboxylase	Acetyl-CoA	
Fruktose-1,6-bisphosphatase		AMP
Acetyl-CoA-Carboxylase	Citrat	Acyl CoA

Abb. 7.23. Bei allosterischen Enzymen vom V-Typ ändert sich durch Effektorbindung die Maximalgeschwindigkeit (V_{max} bzw. die Wechselzahl) bei gleichbleibendem K_m

K- oder V-Typ, in jedem Fall eine Veränderung der Enzymaktivität v: bei positiven Effektoren einen Anstieg, bei negativen einen Abfall (Abb. 7.24).

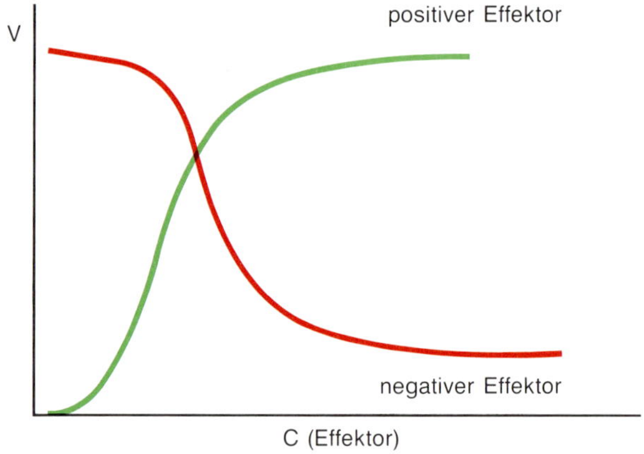

Abb. 7.24. Bei konstanter Substratkonzentration wird durch positive allosterische Effektoren die Enzymaktivität erhöht, durch negative allosterische Effektoren erniedrigt

Alle Enzyme zeigen eine starke Abhängigkeit vom pH-Wert. Der Grund hierfür liegt darin, daß sowohl für die Bildung des Enzym-Substrat-Komplexes als auch für die Umwandlung von S in P bestimmte polare Gruppen im aktiven Zentrum nebeneinander sowohl protoniert wie deprotoniert vorliegen müssen. Die aus beiden gegensätzlichen Effekten resultierende pH-Kurve zeigt daher in vielen Fällen eine charakteristische, mehr oder minder symmetrische Glokkenform (Abb. 7.25). Der pH-Wert für den Scheitelpunkt der pH-Kurve wird als pH-Optimum bezeichnet.

Die pH-Optima der meisten Enzyme liegen zwischen 6 und 8, extreme Ausnahmen sind Pepsin mit pH 2 und die Isoenzyme der sogenannten sauren Phosphatase mit pH 4 bis 5 im sauren sowie die alkalische Phosphatase mit pH 10 und die Monoaminoxidase mit pH 9,3 im alkalischen Bereich (Tabelle 7.10).

Die Inkubationstemperatur (die „Betriebstemperatur", bei der ein Enzym gerade arbeitet) übt auf die Umsatzgeschwindigkeit im Prinzip denselben Effekt aus wie Temperaturänderungen nach der Reaktionsgeschwindigkeits-Temperatur-Regel (RGT-Regel) auf jede chemische Reaktion: 10 °C Temperaturerhöhung verdoppelt in etwa die Geschwindigkeit (Abb. 7.26). Bei Enzymen wird dieser Einfluß nach oben durch die thermische Denaturierung des Enzymproteins begrenzt. Zwar können manche Enzyme kurzfristig auch einmal höhere Inkubationstemperaturen vertragen, meist setzt aber zwischen 40 und 50 °C doch eine zeitabhängige thermische Denaturierung ein.

Die dargestellte Temperaturabhängigkeit der Enzymaktivität hat einige sehr wichtige praktische Konsequenzen. Bei Enzymaktivitätsbestimmungen be-

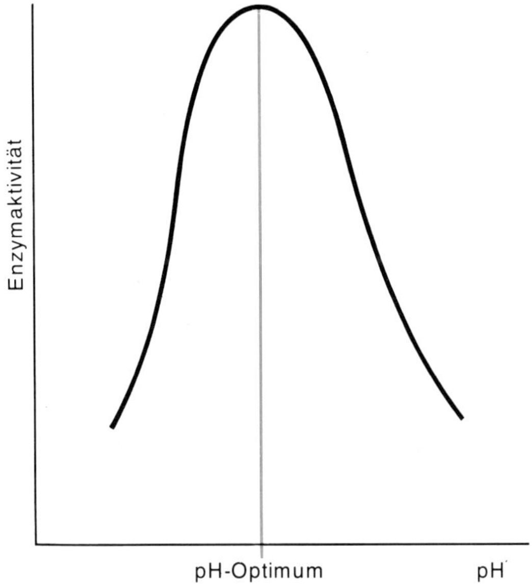

Abb. 7.25. Die pH-Abhängigkeit der Enzymaktivität zeigt häufig eine Glockenform

wirkt ein Abweichen der Inkubationstemperatur um 1 °C vom Sollwert einen Fehler von über 10%. Temperaturfehler sind damit häufig für Abweichungen von den Sollwerten bei Enzymaktivitätsbestimmungen verantwortlich. Der gesamte Stoffwechsel wird in seiner jeweiligen Richtung (Aufbau = Anabolismus, Abbau = Katabolismus) und dabei dann wieder in seiner Intensität von der Aktivität der an den Reaktionswegen beteiligen Enzyme bestimmt. Die dargestellte generelle Temperaturabhängigkeit der Enzymaktivitäten erklärt, wieso es beim Fieberzustand zu einer Steigerung des Energiebedarfs kommt. Auch die Erhöhung der Körpertemperatur vor oder bei sportlichen Leistungen (Warmlaufen oder Aufwärmtraining) findet in der Aktivitätserhöhung der Enzyme ihre logische Erklärung.

Tabelle 7.10. pH-Optima verschiedener Enzyme

Enzym	pH-Optimum
Pepsin	2,0
Prostata-Phosphatase	4,8
Lysozym	5,2
Amylase	6,8
Acetylcholinesterase	7,5
Trypsin	8,0
Monoaminoxidase	9,3
Alkalische Phosphatase	10,0

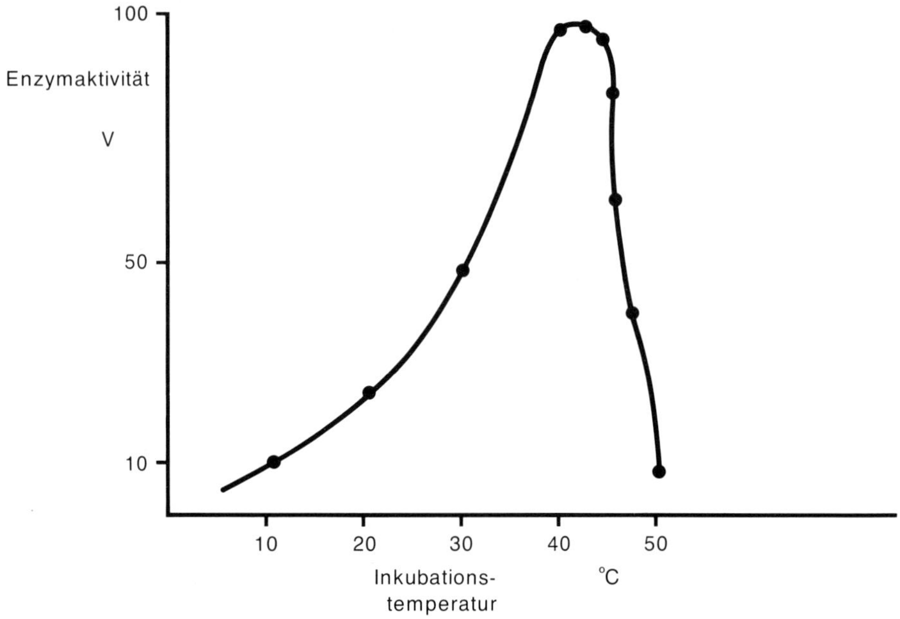

Abb. 7.26. Enzyme zeigen eine starke Abhängigkeit von der Inkubationstemperatur: 1 °C Temperaturdifferenz verändert die Aktivität um ca. 10%

Umgekehrt führt die Senkung der Körpertemperatur bei winterschlafenden Tieren (von 37 auf 27 °C) dazu, daß die Energiedepots in Form des Fettgewebes durch eine verminderte Stoffwechselintensität etwa doppelt so lange ausreichen wie bei Normaltemperatur.

Durch Temperatursenkung (Hypothermie) kann man die Überlebenszeit empfindlicher Organe bei Unterbrechung der Blutzufuhr sehr effektiv verlängern.

Auch die Kältekonservierung, z. B. von Lebensmitteln, wirkt weitgehend über eine Herabsetzung der Aktivität abbauender Enzyme sowohl im Lebensmittel selbst als auch der Enzyme kontaminierender Bakterien.

Abschließend sei zum Thema Enzymkinetik erwähnt, daß die meisten Untersuchungen und Überlegungen sich auf Enzyme in Lösung und auf relativ niedermolekulare Substrate beziehen (Abb. 7.27). Bei strukturgebundenen

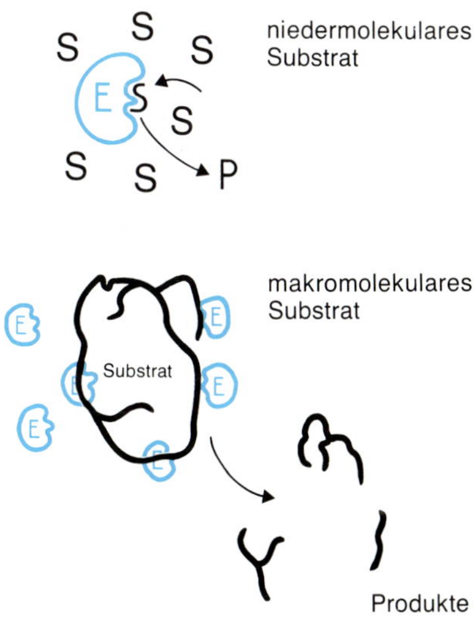

Abb. 7.27. Makromolekulare Substrate haben kinetische Besonderheiten: Wer sättigt wen?

Enzymen, z. B. in Membranen, sind die kinetischen Probleme wesentlich komplizierter. Auch makromolekulare Substrate, z. B. Stärke, Glykogen oder Proteine, weisen besondere Probleme auf: Hier kann das Substrat in einzelnen Fällen wesentlich größer sein als das abbauende Enzym, meist sind dann mehrere Enzyme gleichzeitig an einem Substratmolekül aktiv, es kommen dann u.a. deutliche Abweichungen von der Linearität (Umsatz/Zeit; Umsatz/Enzymmenge), Schwierigkeiten bei der Untersuchung der Substratabhängigkeit usw., vor.

8 Enzyme in der Diagnostik

oder
Enyzmaktivitäten als Krankheitssymptome und Enzyme als Hilfsmittel in der klinisch-chemischen Diagnostik

Seit der Einführung der Bestimmung der α-Amylase zur Diagnostik der akuten Pankreatitis durch Julius Wohlgemuth zu Beginn unseres Jahrhunderts sind in der klinischen Medizin zunehmend mehr Enzymaktivitätsbestimmungen in Körperflüssigkeiten (Serum, Plasma, Liquor cerebrospinalis, Fruchtwasser) und Sekreten (Speichel, Pankreassekret, Magensaft, Urin) zur Differentialdiagnose eingeführt worden. Zusätzlich haben die Enzyme eine wichtige Funktion in der Analytik gewonnen, indem aufgrund der Substratspezifität der Enzyme viele Substanzen mit großer Genauigkeit quantitativ bestimmt werden konnten.

Diese doppelte Bedeutung der Enzyme sei am Beispiel der Laktatdehydrogenase kurz verdeutlicht (Abb. 8.1). Durch Inkubation mit Laktat und dem Coenzym NAD in relativ hohen Konzentrationen kann die Aktivität einer Laktatdehydrogenase-Probe bestimmt werden. Meßgröße ist dabei das entstehende $NADH_2$. Eine Einheit LDH (1 U) setzt dabei 1 μmol $NADH_2$ je Minute als Produkt frei.

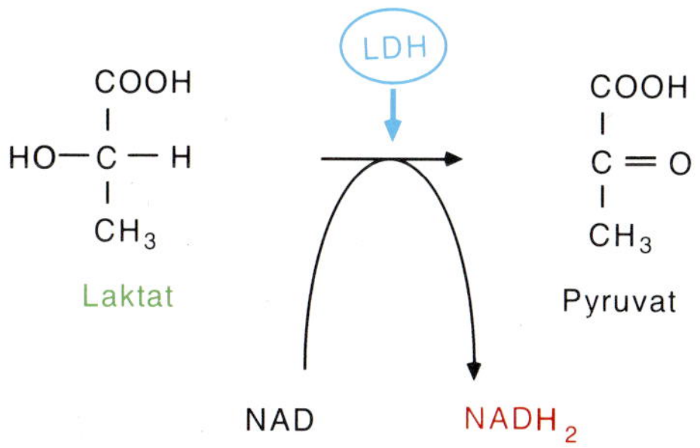

Abb. 8.1. In der Klinik sind sowohl Enzymaktivitätsbestimmungen wie enzymatische Substratbestimmungen von Bedeutung. Beispiel: Aktivität der Laktatdehydrogenase und Konzentration von Laktat

Häufig wird diese Reaktion ausgehend von Pyruvat und $NADH_2$ durchgeführt, 1 U LDH setzt auch hier 1 µmol $NADH_2$ pro 1 min. um, man mißt dabei aber den $NADH_2$-Verbrauch. Gereinigte LDH kann aber auch verwendet werden, um in Proben die Konzentration von Laktat zu bestimmen. Laktat ist mit chemischen Methoden nur sehr umständlich zu bestimmen. Der enzymatische Laktatnachweis ist dagegen einfach: es werden der Probe NAD und eine genügend große Aktivität LDH zugesetzt. Das Enzym setzt das Laktat mit NAD um, für jedes Molekül Laktat wird 1 Mol NAD reduziert zu $NADH_2$. Das $NADH_2$ kann dann leicht im Photometer bei 340 nm bestimmt werden.

Voraussetzung für derartige enzymatische Substratbestimmungen ist, daß durch entsprechende Wahl der Inkubationsbedingungen das Gleichgewicht der Reaktion nach Möglichkeit vollständig auf die Seite der Produkte verlagert ist, und daß die zugegebene Enzymmenge auch tatsächlich das Substrat in der vorgegebenen Zeit vollständig umsetzt. Die wichtigsten Unterschiede zwischen Enzymaktivitätsbestimmungen und enzymatischen Substratbestimmungen faßt Tabelle 8.1 zusammen.

Tabelle 8.1. Zwischen Enzymaktivitätsbestimmungen und enzymatischen Substratbestimmungen bestehen wichtige Unterschiede

	Bestimmung von	
	Enzymaktivität	Substratkonzentration
1. Zu messen	v_0 = Menge/Zeit	Menge
2. Enzym	Limitierend	Überschuß
3. Substratkonzentration	Sättigung, Überschuß (10–100 mal K_m)	Limitierend (quantitativ umzusetzen)
4. Temperatur	Standardisiert, z. B. genau 25 °C	20–37 °C
5. Zeit	Genau einzuhalten	genügend lang für quantitativen Umsatz

Bei der Aktivitätsbestimmung wird nach Möglichkeit die Anfangsgeschwindigkeit (v_0) gemessen, als Umsatz des Substrats in der Zeiteinheit (Menge/Zeit). Bei der enzymatischen Substratbestimmung spielt lediglich die Menge eine Rolle; die Inkubationszeiten müssen nur ausreichen, damit alles Substrat umgesetzt ist, hierzu wird zusätzlich eine relativ große Enzymmenge (Enzym im Überschuß) zugesetzt.

Das Substrat wird für die Aktivitätsbestimmung nach Möglichkeit in einer Konzentration zugegeben, die 10 bis 100mal höher ist als der K_m-Wert.

Dadurch bleibt auch beim Umsatz von Substrat das Enzym mit Substrat gesättigt und ist mit gleichbleibender Geschwindigkeit aktiv. Bei der Substratbestimmung ist dagegen das Substrat limitierend, es muß quantitativ umgesetzt werden, was beim Ende der Reaktion, wenn die Substratkonzentration sich Null nähert, nur durch große Enzymüberschüsse gewährleistet werden kann.

Die Vorteile der enzymatischen Substratbestimmungen gegenüber chemischen Nachweisen liegen in dem relativ geringen Zeitaufwand und der großen Spezifität und Genauigkeit (Tabelle 8.2). Die klassische Blutzuckerbestimmung nach Hagedorn und Jensen dauerte insgesamt über zwei Stunden, hatte viele Fehlermöglichkeiten und war sehr unspezifisch, da praktisch alle reduzierenden Substanzen mit erfaßt wurden. Die enzymatischen Blutzuckermethoden erfassen abhängig von der Spezifität der umsetzenden Enzyme nur die Glucose und dauern bloß wenige Minuten.

Tabelle 8.2. Enzymatische Substratbestimmungen zeichnen sich durch Spezifität und Genauigkeit aus

Verfahren	Spezifität
„Glucose chemisch“	
Titrimetrisch nach Hagedorn-Jensen	–
Kolorimetrisch nach Crezelius-Seifert	–
Kolorimetrisch mit Anthron	–
Kolorimetrisch mit o-Toluidin	–
„Glucose enzymatisch”	
Mit Hexokinase	+
Mit Glucoseoxidase	+
Mit Glucosedehydrogenase	+

Die wichtigsten Substrate bzw. Metaboliten in der Klinik werden heute enzymatisch bestimmt, manchmal müssen hierzu mehrere Enzyme gleichzeitig eingesetzt werden (Tabelle 8.3). In diesen Fällen wird häufig das zu bestimmende Substrat durch diese Enzyme in einer Stoffwechselkette bis zu einer Reaktion abgebaut, an der das NAD-System mit der Meßgröße $NADH_2$ beteiligt ist.

Tabelle 8.3. Die meisten klinisch wichtigen Serummetabolit-Bestimmungen erfolgen heute enzymatisch

Bestimmung von	Zahl der eingesetzten Enzyme
Glucose	1–3
Cholesterin	2–3
Neutralfett	3–4
Harnstoff	1
Harnsäure	1
Kreatinin	4

Zum Teil werden heute in der klinisch-chemischen Analytik sogenannte kinetische Substratbestimmungen durchgeführt (Abb. 8.2). Im Unterschied zur klassischen enzymatischen Substratbestimmung wird bei der kinetischen Substratbestimmung die zu messende Substanz nicht vollständig umgesetzt, sondern es wird in der verdünnten Probe gemessen, wie schnell eine genau bekannte Enzymaktivität in dieser verdünnten Probe arbeitet. Voraussetzung ist dabei, daß die Substratkonzentration weit unterhalb des K_m-Wertes liegt, in einem Bereich also, in dem sich praktisch eine Linearität zwischen Substratkonzentration und Enzymgeschwindigkeiten ergibt. Hochangereicherte, genau standardisierte und stabile Enzympräparate sind für kinetische Substratbestimmungen notwendig.

Ein weiterer Einsatz von Enzymen in der klinisch-chemischen Analytik erfolgt im Enzymimmunoassay (EIA) (Abb. 8.3). Hierbei werden Hormone, Pharmaka, Antikörper oder andere klinisch wichtige Substanzen mit einem Enzym markiert, indem das Enzym über eine flexible Molekülstruktur chemisch mit der zu markierenden Substanz verbunden wird. Das Enzym ist über seine Aktivität (S $\rightarrow$ P) nachweisbar, und damit wird auch das mit ihm verbundene Molekül nachweisbar. An standardisierten Bindungsproteinen, z. B. Rezeptoren oder Antikörpern, läßt man nun die enzymmarkierte Substanz mit der unmarkierten Verbindung um die Bindungsstellen konkurrieren. Aus der Verdrängung z. B. eines markierten Hormons kann man auf die Menge des unmarkierten Hormons der Probe schließen, wenn die Methode vorher mit bekannten Konzentrationen der unmarkierten Substanz geeicht wurde. Das Prinzip des Enzymimmunoassay entspricht damit ganz dem des Radioimmunoassay (RIA), bei dem als Verstärkereffekt die Radioaktivität der markierten Substanz gemessen wird. Die Verwendung radioaktiver Isotope und die relativ aufwendigen Meßapparaturen sind beim EIA nicht mehr notwendig.

Eine große Anzahl von EIA sind entwickelt worden und z. T. schon als komplette Testsätze auf dem Markt; eine Übersicht über die zur Markierung verwendeten angekoppelten Enzyme zeigt Tabelle 8.4.

Im menschlichen Plasma können viele verschiedene Enzymaktivitäten nachgewiesen werden. Nur ein relativ geringer Anteil davon ist als plasmaspezifisch anzusehen in dem Sinne, daß diese Enzyme von bestimmten Zellen synthetisiert und gezielt ins Plasma abgegeben werden und dort auch den Ort ihrer Wirksamkeit haben.

Zu den plasmaspezifischen Enzymsystemen gehören die plasmatische Gerinnung, das fibrinolytische System, das Komplementsystem und das Kallikrein-Kinin-System (Tabelle 8.5). Unklar ist die Bedeutung der plasmaspezifischen Butyrylcholinesterase. Dieses Enzym wird von der Leber gebildet und in verhältnismäßig großer Menge ins Blut abgegeben.

Sein genetisch bedingtes Fehlen oder seine vollständige Hemmung führen unter normalen Bedingungen zu keinerlei Symptomen. Lediglich unter Belastungen mit Muskelrelaxanzien vom Succinyldicholin-Typ oder bei bestimmten Organophosphat-Intoxikationen treten bei mangelnder Butyrylcholinesterase-Aktivität verstärkt Symptome auf.

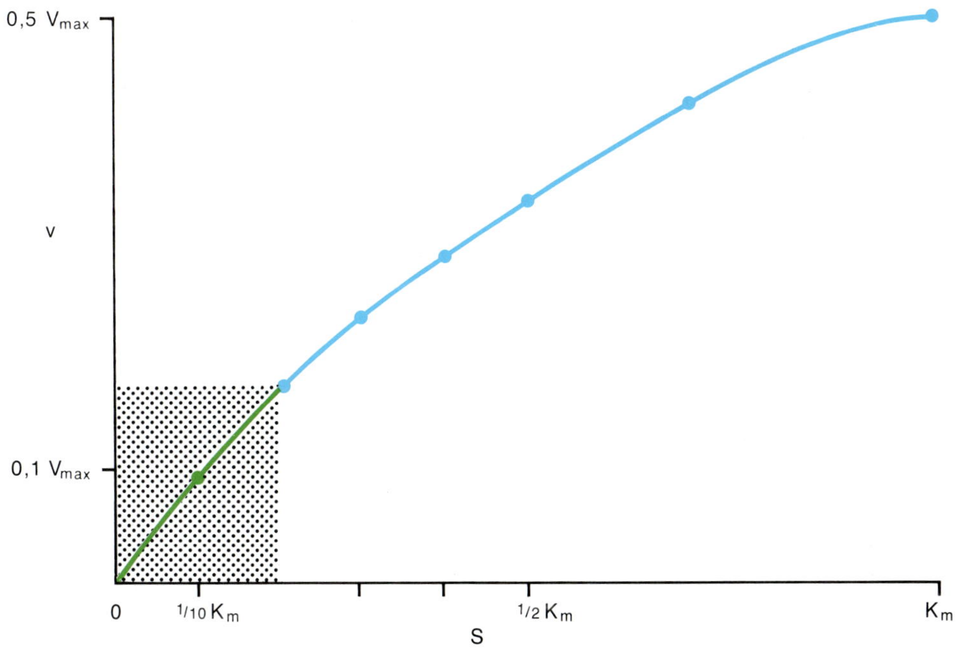

Abb. 8.2. Angewandte Michaelis-Kinetik: Die kinetische Substratbestimmung ermöglicht Messungen von Serummetaboliten ohne deren vollständigen Umsatz

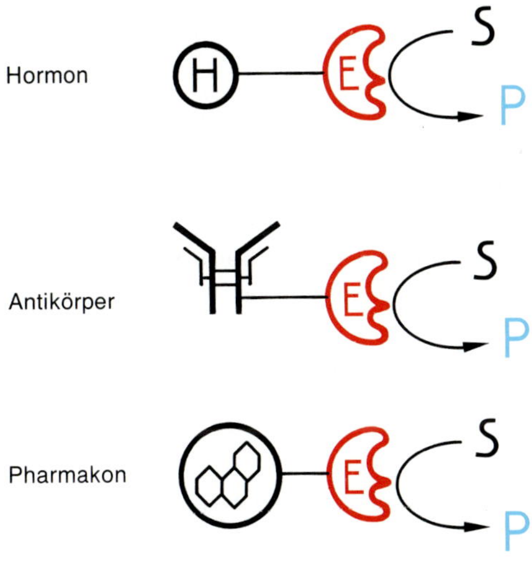

Abb. 8.3. Enzymimmunoassays (EIA) verdrängen die Radioaktivität aus dem klinisch-chemischen Labor: Verstärkereffekt durch Enzymmarkierung

Tabelle 8.4. Im Enzymimmunoassay (EIA) können verschiedene Enzyme zur Markierung verwendet werden

Markierungsenzym	Substrat	Meßgröße
Malatdehydrogenase (MDH)	Malat	$NADH_2$
Peroxidase (POD)	H_2O_2	o-Dianisidin
Alkalische Phosphatase (AP)	p-Nitrophenyl-phosphat	p-Nitrophenol
Saure Phosphatase (SP)	p-Nitrophenyl-phosphat	p-Nitrophenol
Glucose-6-P-dehydrogenase (G-6-P-DH)	Glucose-6-phosphat	$NADPH_2$
Glucoseoxidase (GOD)	Glucose	Farbstoffbildung mittels Peroxidase
Lysozym	Streptokokken	Trübung

Tabelle 8.5. Diagnostisch und pathophysiologisch wichtige Aktivitäten plasmaspezifischer Enzyme und Enzymsysteme

Enzym	Funktion
Thrombin	Gerinnung
Plasmin	Fibrinolyse
Komplement	Abwehr
Butyrylcholinesterase	?
Kallikrein-Kinin	Entzündung, Abwehr

Neben den plasmaspezifischen Enzymen können in Plasma und Serum praktisch alle Enzyme nachgewiesen werden, die in menschlichen Zellen vorhanden sind. Diese zellspezifischen Enzyme gelangen im Rahmen der sogenannten Zellmauserung und im Verlaufe bestimmter Zellschädigungen über die interstitielle Flüssigkeit ins Blut. Die Tabelle 8.6 führt eine Anzahl der diagnostisch wichtigen Zellenzyme auf; die Angaben der normalen Serumaktivitäten sind in Einheiten/Liter angegeben.

Demgegenüber werden die Aktivitätsangaben über diese Enzyme in den Herkunftsorganen in Einheiten/Gramm Organ gemacht, bezeichnen also eine 1000fach höhere Konzentrationseinheit (Tabelle 8.7)! Die Zellenzyme kommen also im Blut (Serum oder Plasma) in einer Konzentration vor, die um Größenordnungen geringer ist als in den Organen. Besonders eindrucksvoll ist dies im Falle der Kreatinphosphokinase (CK). Danach ist ohne weiteres verständlich, daß eine Muskelprellung, ein blauer Fleck, eine intramuskuläre Injektion, ja bereits ein Muskelkater zu deutlichen CK-Erhöhungen im Serum führen können.

Tabelle 8.6. Praktisch alle Enzyme menschlicher Zellen können auch im Plasma nachgewiesen werden, ihre normale plasmatische Aktivität gilt als Ausdruck der „Zellmauserung“

Enzym	normale Serumaktivität (U/l)
Amylase	100
Kreatinkinase (CK)	10–80
Laktatdehydrogenase (LDH)	120–240
Glutamatoxalacetattransaminase (GOT)	bis 18
Glutamatpyruvattransaminase (GPT)	bis 22
Glutamatdehydrogenase (GlDH)	4
γ-Glutamyltranspeptidase (γ-GT)	bis 28
Alkalische Phosphatase (AP)	60–170
Saure Phosphatase (SP)	bis 4
Leucinaminopeptidase (LAP)	11–35
Lipase	bis 190

Tabelle 8.7. Die diagnostisch wichtigen Enzyme sind in den Organen in sehr hoher Aktivität und mit einem charakteristischen Verteilungsmuster vorhanden

	U/g Organ		
	Herzmuskel	Skelettmuskel	Leber
CK	350	2000	1
LDH	125	150	150
GOT	50	36	100
GPT	3	3	60
GlDH	1	0,5	60

Die meisten diagnostisch wichtigen Enzyme kommen in mehreren verschiedenen Organen vor, hierbei aber in mehr oder minder charakteristischer Verteilung, man spricht von Enzymprofilen. Die Enzymprofile tauchen bei bestimmten Erkrankungen der betroffenen Organe in charakteristischer Weise auch in Plasma oder Serum erhöht auf (Tabelle 8.8).

Da die Enzymaktivitäten aus dem Plasma verschieden schnell wieder durch Ausscheidung oder proteolytischen Abbau eliminiert werden, verändert sich im Laufe einer Erkrankung bzw. der Heilungsphase das Profil bzw. das Aktivitätsverhältnis der Enzyme (Abb. 8.4). Im dargestellten Beispiel eines Herzinfarkts steigt das Herzisoenzym CK-MB schnell an, fällt dann aber im Verlauf der nächsten drei Tage wieder ab (Abb. 8.4). Die Transaminase GOT steigt hier langsamer an und bleibt dann etwas länger erhöht. Ebenfalls erhöht wird beim Herzinfarkt das Laktatdehydrogenase-Isoenzym α-HBDH gefunden.

Bei der Virushepatitis steigt besonders stark die Glutamat-Pyruvat-Transaminase (GPT) an (Abb. 8.5). Die γ-Glutamyltranspeptidase (γ-GT) reagiert weniger stark. Als Gegensatz dazu ist der Verlauf der Enzymaktivitäten bei einer Gelbsucht durch Gallensteinverschluß (Cholestase) dargestellt (Abb. 8.6). Die Transaminasen sind hier nur kurzfristig und geringgradig erhöht, dagegen reagieren die alkalische Phosphatase (AP) und die γ-GT sehr stark. Diese „Cholestaseenzyme“ werden in der Leber bei Gallestauung vermehrt gebildet und freigesetzt.

Tabelle 8.8. Für die Diagnostik der Erkrankung einzelner Organe werden bestimmte Enzymprofile im Plasma bestimmt

Erkranktes Organ	Enzymprofil
Herzmuskel	CK-MB, LDH_1, GOT
Leberzellen	GPT, GlDH, ChE, γ-GT
Gallenwege	γ-GT, AP, GPT
Knochen	AP, SP
Pankreas	Amylase, Lipase
Prostata	Tartrat-hemmbare SP

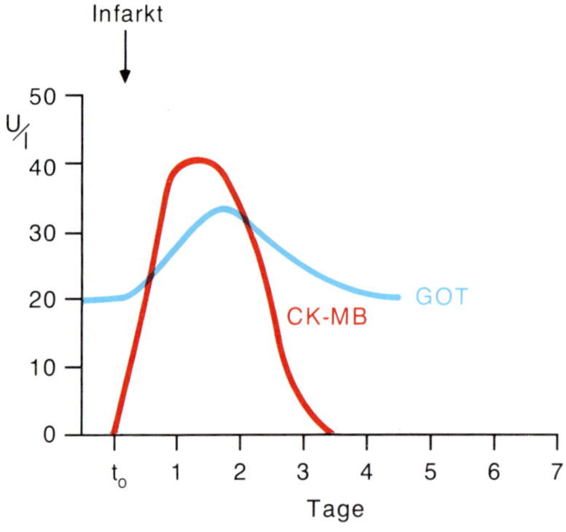

Abb. 8.4. Beim Herzinfarkt steigt das Isoenzym CK-MB schnell an und fällt rascher wieder ab als die GOT

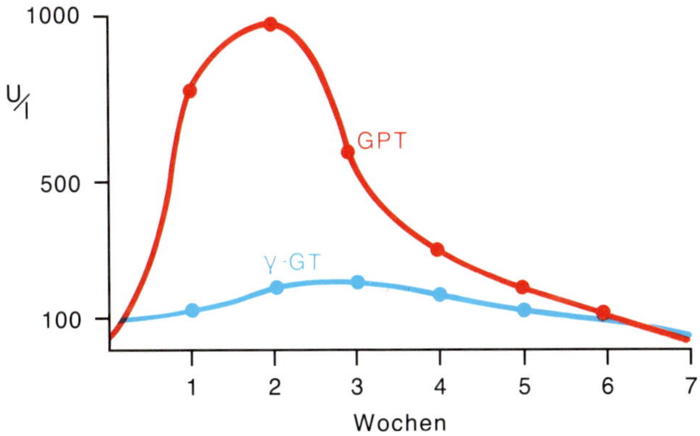

Abb. 8.5. Bei der Virushepatitis ist der Anstieg der GPT besonders ausgeprägt

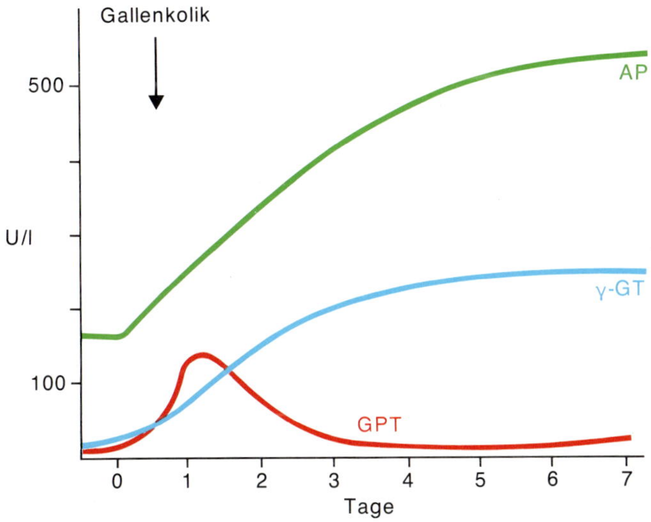

Abb. 8.6. Beim Gallensteinverschluß (Verschlußikterus, Cholestase) steigen γ-GT und AP schnell und langdauernd an, die GPT reagiert weniger stark und normalisiert sich schnell

9 Homologe Enzyme

oder
Enzymverwandtschaften

Bestimmte Ähnlichkeiten zwischen verschiedenen Enzymen bzw. Enzymgruppen lassen sich bereits aus der Art der katalysierten Reaktion und auch aus dem Reaktionsmechanismus feststellen. Endgültig haben dann aber erst die Strukturanalysen der Enzyme, nämlich die Analysen der Aminosäuresequenz im Enzymprotein, bestätigt, daß viele Enzyme miteinander verwandt sind und sich von einem gemeinsamen „Vorfahren" ableiten lassen. Man kann sozusagen einen biochemischen Stammbaum der Lebewesen und einen Stammbaum der einzelnen Enzyme aufstellen.

Erklärt werden kann die gemeinsame Entwicklung mancher Enzyme aus einer Urform auf molekulargenetischer Grundlage durch Genverdoppelung (Abb. 9.1). Die Information für die Reihenfolge der Aminosäuren in den Proteinen ist genetisch festgelegt durch die Reihenfolge der Basen in der Desoxyribonukleinsäure der Gene. Vor jeder Zellteilung werden die Gene verdoppelt, und beide Tochterzellen erhalten je einen identischen Gensatz. Zuweilen wird ein Gen sozusagen isoliert verdoppelt und liegt dann u. U. auch in allen Folgezellgenerationen verdoppelt vor. Zunächst werden dann nach beiden Bauplänen identische Enzyme gebildet. Im Laufe vieler weiterer Zellgenerationen unterliegen aber beide Gene, unabhängig voneinander, zufälligen Mutationen; so bilden sich dann Unterschiede in den Genprodukten, z. B. den Enzymen, aus.

Bei kernhaltigen Lebewesen (Eukaryonten) sind diese Verhältnisse zusätzlich dadurch kompliziert, daß deren Gene nicht kontinuierlich als eine Basensequenz auf der DNA vorliegen, sondern durch Introns („inserted regions") unterbrochen sind. Man spricht von aufgetrennten Genen („split genes"), in denen die zur Proteinsynthese herangezogenen Anteile („exons = expressed regions") durch nicht-proteininformative Anteile („introns") unterbrochen sind.

Durch Genverdoppelung sind beim Menschen z. B. die verschiedenen Isoenzyme und auch die verschiedenen Hämoglobine entstanden (Abb. 9.2).

Weitgehende Übereinstimmung innerhalb jeder der vier Familien von Proteasen herrscht sowohl in bezug auf die Aminosäuresequenz als auch in bezug auf den Reaktionsmechanismus.

Dies hat zu einer neuen E. C.-Eintcilung der Proteasen geführt (Tabelle 9.1). Die entscheidenden Unterschiede bestehen im Reaktionsmechanismus durch die beteiligten Aminosäuren im aktiven Zentrum der vier Familien. Die Zuordnung eines proteolytischen Enzyms zu einer der Familien ist damit auch durch relativ familienspezifische Hemmstoffe möglich.

Pathobiochemisch und auch enzymologisch sind die Serinproteasen besonders beachtenswert. Neben den wichtigsten proteolytischen Verdauungsenzymen gehören in diese Familie entscheidende Enzyme der Blutgerinnung, der Fibrinolyse, des Kininsystems und der polymorphkernigen Leukozyten (PMN-Elastase). Charakteristisch ist ihre irreversible (kovalente) Hemmung durch das Organophosphat Diisopropylfluorphosphat (DFP) und ihre reversible Hemmbarkeit durch Proteasehemmer wie Aprotinin.

Am Beispiel der Familie der Serinproteasen läßt sich ein weiteres interessantes Phänomen bei Enzymen darstellen, nämlich das der entfernteren Verwandtschaft von Enzymfamilien untereinander. Die Serinproteasen weisen eine Verwandtschaft zu einer anderen Gruppe von Hydrolasen auf, den Serinesterasen, deren bekanntester Vertreter, die Acetylcholinesterase, ein wichtiges Enzym bei der Impulsübertragung im Nervensystem ist. Ein den Proteasen ähnlicher Reaktionsmechanismus durch eine ähnliche Aminosäuresequenz im aktiven Zentrum bewirkt, daß die Acetylcholinesterase durch DFP noch stärker und schneller hemmbar ist als die Serinproteasen.

Auf diesem Hemmechanismus beruht die fatale Wirkung der sogenannten Nervengase und der Insektizide vom Typ des E 605.

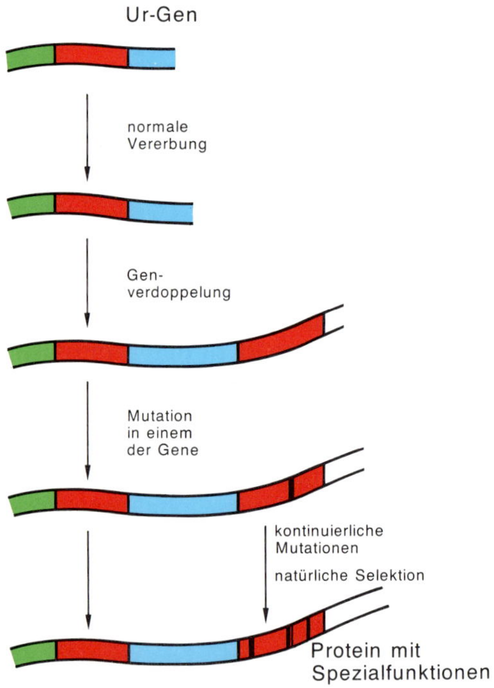

Abb. 9.1. Verwandte Enzyme entstehen aus einem Ur-Gen durch Genverdoppelung und dann folgende getrennte Weiterentwicklung durch Mutation und Selektion

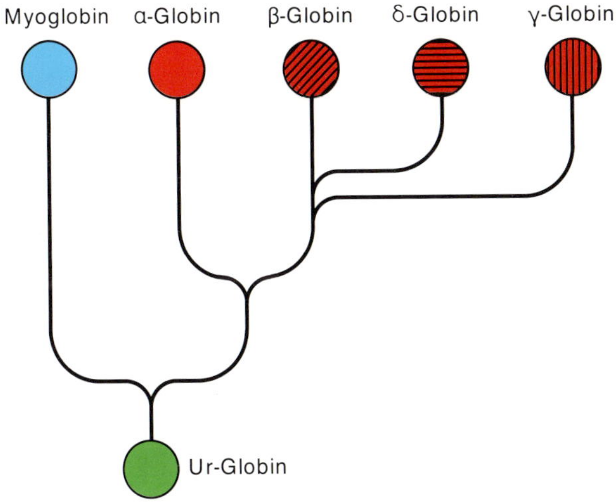

Abb. 9.2. Der Mensch kann 5 homologe Globinketten synthetisieren. Die 5 Gene hierfür sind durch mehrfache Genverdoppelung und nachfolgende Mutation unabhängig voneinander entstanden

Tabelle 9.1. Die proteolytischen Enzyme werden als jeweils homologe Proteine in 4 Familien eingeteilt

	Serin-proteinasen	Cystein-proteinasen	Asparaginsäure-proteinasen	Metall-proteinasen
E. C. Unter-Unterklasse	3.4.21	3.4.22	3.4.23	3.4.24
Individuelle Enzyme	Trypsin Chymotrypsin Thrombin Kallikrein Plasmin PMN-Elastase	Papain Bromelain Cathepsin B Cathepsin L Cathepsin H	Pepsin Cathepsin D	Collagenase Thermolysin
Hemmstoffe	Aprotinin DFP	Jodacetat p-CMB	Pepstatin	EDTA

10 Regulation von Enzymaktivitäten

Enzyme bestimmen Richtung und Intensität des Stoffwechsels. In einem vielzelligen Organismus müssen die verschiedenen spezialisierten Zellen der verschiedenen Organe in ihren Funktionen sehr genau aufeinander abgestimmt sein. Hierzu dient einmal die dichte Verknüpfung der Organe und Zellen mit dem Informations- und Befehlssystem „Nervensystem".

Parallel zum Nervensystem und in enger funktioneller Verknüpfung zu diesem wirkt das endokrine System. Verknüpfungspunkt ist einmal das hypothalamisch-hypophysäre System, zum anderen ist es auf molekularer Grundlage die Impulsübertragung durch Transmittermoleküle. Neben diesen eigentlichen Regulationssystemen gibt es interzellulär noch Einwirkungsmöglichkeiten durch unterschiedliche Angebote von Substraten und Metaboliten über das Blut bzw. die interstitielle Flüssigkeit.

In den einzelnen Zellen selbst müssen die Funktionen in den diversen Stoffwechselketten und Stoffwechselzyklen, zwischen den einzelnen Zellkompartimenten und zwischen Energiebedarf und Energieanlieferung sehr genau reguliert werden.

Dabei stehen die Regulation über das Substratangebot bei Halbsättigung (K_m) sowie allosterische und kooperative Phänomene im Vordergrund.

Ein Teil der Enzyme wird auch dadurch reguliert, daß sie durch andere Enzyme verändert werden (enzymkatalysierte Enzymumwandlung oder Enzymmodifikation). Alle bisher aufgezählten Regulationsphänomene an Enzymaktivitäten erfolgen so, daß vorhandene Enzymmoleküle in ihrer Aktivität zu- oder abnehmen. Die Enzymaktivität kann aber auch verändert werden, indem vermehrt Enzymmoleküle gebildet werden (Induktion) oder indem weniger gebildet werden (Repression).

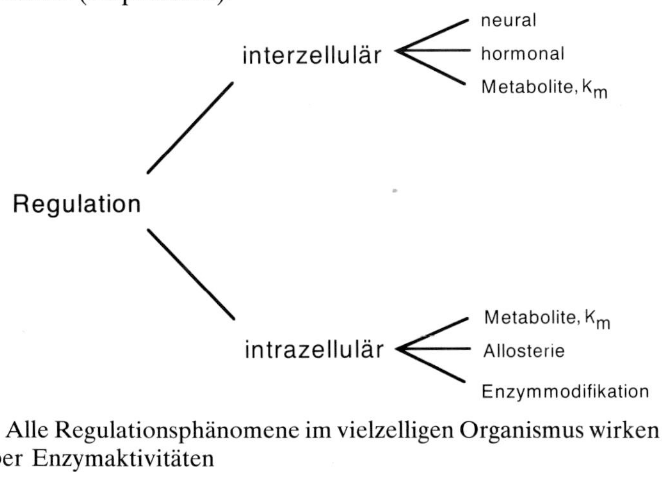

Abb. 10.1. Alle Regulationsphänomene im vielzelligen Organismus wirken direkt oder indirekt über Enzymaktivitäten

Nicht an allen Enzymen wird in Stoffwechselketten und in Stoffwechselzyklen die Geschwindigkeit des Substratdurchflusses reguliert. Die Mehrzahl der Enzyme katalysiert lediglich Gleichgewichtseinstellungen, arbeitet damit häufig in beide möglichen Richtungen des Stoffwechsels – Abbau (Katabolismus) und Aufbau (Anabolismus) – und ist mit relativ großer Funktionsreserve in Form eines Aktivitätsüberschusses vorhanden. Daneben gibt es aber Enzyme, die nur in eine Richtung (unidirektional) wirken, die in geringer Aktivität vorliegen und damit geschwindigkeitsbestimmend sind – sozusagen als schwächste Glieder die Gesamtstärke der Kette bestimmen (Schrittmacherenzyme, Abb. 10.2). An diesen Enzymen greifen die verschiedenen Regulationsmechanismen an; werden diese geschwindigkeitsbestimmenden Enzyme gehemmt, so fällt die Gesamtleistung des Stoffwechselweges; werden diese Enzyme aktiviert, so steigt die Gesamtgeschwindigkeit des jeweiligen Weges. Eingebaute Rückkoppelungsmechanismen sorgen für Selbstregulation im Sinne eines „feedback" oder „feedforward". Auch externe regulierende Eingriffe wirken auf die Schrittmacherenzyme ein.

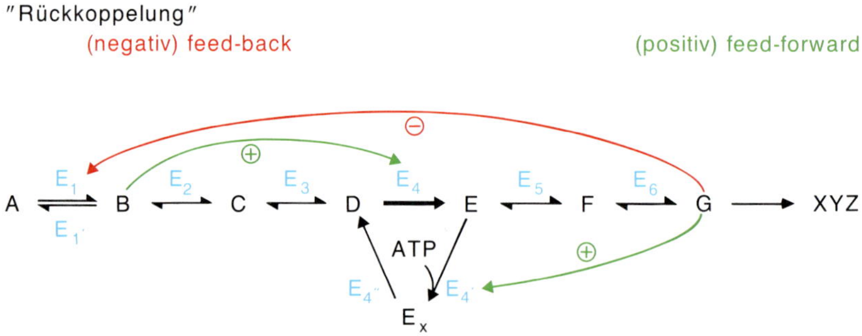

Abb. 10.2. Geschwindigkeitsbestimmende Enzyme in Stoffwechselketten wirken häufig unidirektional und können stimuliert („positive feedforward") oder gehemmt werden. („negative feedback")

Sind in den Stoffwechselketten bei einem Schritt die Energiedifferenzen zu groß, wird im Rückweg mit zusätzlichen Enzymen (Ligasen) unter ATP-Verbrauch ein Umweg beschritten (E_x in der Zeichnung). Ein Beispiel hierfür ist im Stoffwechsel bei der Glykolyse der Schritt vom Phosphoenolpyruvat zum Pyruvat, der bei der Umkehr zur Gluconeogenese über Pyruvat-Oxalacetat-Phosphoenolpyruvat ermöglicht wird.

Die Neubildung von Enzymprotein (Enzymsynthese) ist ein energie- und zeitaufwendiger Vorgang; sein Anstellen (Induktion) bzw. sein Abstellen (Repression) stellt damit nur langfristig eine Grobkontrolle dar; gleiches gilt für die Regulation des Enzymabbaus, über die relativ wenig bekannt ist (Abb. 10.3). Die Feinkontrolle zur schnellen und genauen Regulation erfolgt am bereits vorliegenden Enzymmolekül, also bei konstanter Enzymmenge.

Regulation von Enzymaktivität

Grobkontrolle (variable Enzymmenge)	Feinkontrolle (konstante Enzymmenge)
Enzymsynthese: Induktion / Repression	Substratangebot (K_m)
Enzymabbau	Allosterie
	Enzymkatalysierte Enzymumwandlung

Abb. 10.3. Eine Grobkontrolle des Stoffwechsels erfolgt über eine Veränderung der Menge an Enzymprotein. Eine Feinkontrolle verändert die katalytische Aktivität des vorhandenen Enzymproteins

Adaptative Enzymbildung

Katabolismus: (Enzyminduktion)	Induktor (Substrat) verhindert die Bindung des Repressorproteins an den DNA-Operator: Enzymsynthese setzt ein
Anabolismus: (Enzymrepression)	Corepressor (Produkt) ermöglicht die Bindung des Holorepressors als Aporepressor-Corepressor-Komplex an den DNA-Operator: Enzymsynthese wird gehemmt

Abb. 10.4. Der wichtigste Mechanismus der Grobkontrolle besteht in der Regulation der Gentranskription (DNA → Messenger-RNA) nach dem Jacob-Monod-Modell

Enzyminduktion und Enzymrepression zur Stoffwechsel-Grobkontrolle werden auch als adaptative Enzymbildung bezeichnet und erfolgen in der Mehrzahl auf der Ebene der Transkription an der DNA der Gene (Abb. 10.4). Für Prokaryonten erfolgt die Enzymadaptation nach dem Mechanismus des Jacob-Monod-Modells, für eukaryote Zellen liegen in der Mehrzahl wohl noch komplexere Mechanismen bei der Enzymadaptation vor.

Die verbreiteste und wohl auch schnellste Regulation der Enzymaktivität findet auf der Enzymebene am aktiven Zentrum selbst statt. Die meisten Enzyme arbeiten in vivo bei Substratkonzentrationen im Bereich der Halbsättigung mit Substrat (Bereich des K_m-Wertes). Ein Abfall der Substratkonzentrationen

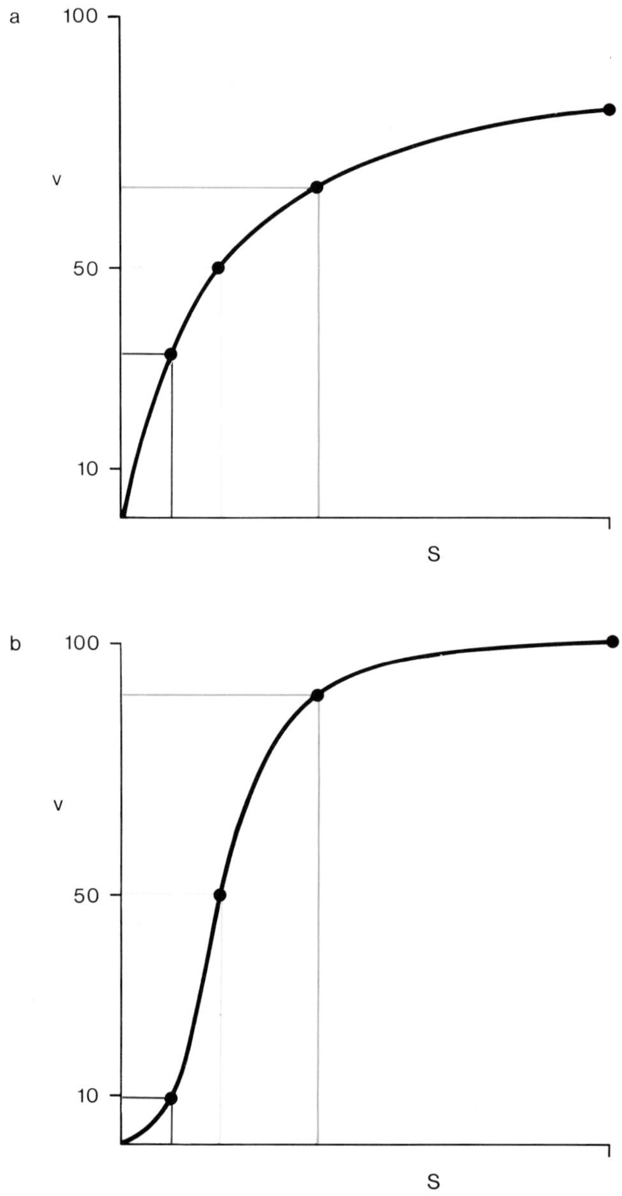

Abb. 10.5. Die meisten Enzyme finden in der Zelle Substratkonzentrationen vor, die im Bereich des K_m-Wertes liegen: Halbsättigung. Als wichtigste Feinkontrolle führen Änderungen der Substratkonzentration sofort zu Änderungen der Enzymaktivität. Verdoppelung (grün) und Halbierung (rot) der intrazellulären Substratkonzentration im K_m-Bereich (blau) hat bei kooperativen Enzymen **(b)** einen stärkeren Effekt als bei hyperbolen „normalen" Enzymen. **(a)**

führt damit sofort zu einem Abfall der Aktivität, ein Anstieg der Substratkonzentration zu einer Zunahme der Enzymaktivität. In Abb. 10.5 ist die Substratkonzentration der Halbsättigung (K_m) halbiert und verdoppelt eingezeichnet. Man sieht leicht, daß kooperative Enzyme wesentlich stärker auf die Substratkonzentration reagieren als klassisch-hyperbole Michaelis-Enzyme.

Der wichtigste Mechanismus einer Feinregulation im Stoffwechsel durch Rückkopplung besteht in der allosterischen Enzymregulation (Abb. 10.6).

Abb. 10.6. Allosterische Enzyme haben neben dem katalytischen Zentrum an „anderer Stelle" (allosterisch!) ein regulatorisches Zentrum

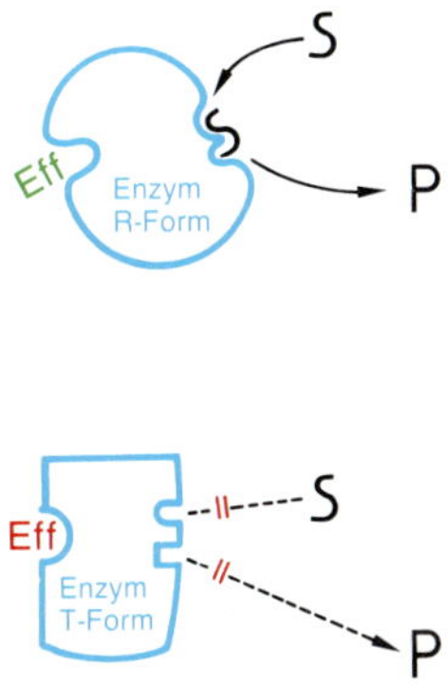

Abb. 10.7. Die Bindung positiver allosterischer Effektoren (grün) stabilisiert die aktivere (relaxed) R-Konformation, negative Effektoren (rot) stabilisieren die inaktivere (tense) T-Konformation

Ausgangssubstrate oder Endprodukte bestimmter Stoffwechselwege beeinflussen als Effektoren Schrittmacherenzyme dieser Wege, indem sie sich an das allosterische (regulatorische) Zentrum dieser Enzyme anlagern.

Die Anlagerung der Effektoren an das allosterische Zentrum bewirkt eine Konformationsänderung des Enzymproteins mit der Folge auch einer Konformationsänderung im aktiven Zentrum – im Falle der positiven Effektoren im Sinne einer Steigerung der Enzymaktivität – im Falle negativer Effektoren mit einer Herabsetzung der Aktivität (Abb. 10.7). Die aktive Form wird als

R-Form (R = „relaxed" = entspannt), die weniger aktive als T-Form (T = „tense" = gespannt) bezeichnet.

Wichtigster direkter Energieüberträger in allen lebenden Zellen ist das ATP-ADP-System (Abb. 10.8). ATP kann Ausgangssubstrat (Coenzym, häufig als Cosubstrat bezeichnet) und Endprodukt von Stoffwechselwegen sein. Der energieliefernde Glucoseabbau (Glucosekatabolismus) über Glykolyse-Zitratzyklus-Atmungskette liefert ATP, das in energieverbrauchenden Reaktionen, z. B. Muskelkontraktion, zu ADP und anorganischem Phosphat (P_i) bzw. weiter zu AMP abgebaut werden kann. Ist ATP hoch (zwangsläufig wird dann ADP niedrig sein), so geht es der Zelle energetisch gesehen gut, und das Schrittmacherenzym des Glucosekatabolismus, die Phosphofruktokinase, wird durch das hohe ATP allosterisch gehemmt, der Glucoseabbau insgesamt wird stark eingeschränkt. Wird viel ATP verbraucht, so steigen ADP, anorganisches Phosphat und letztlich AMP an; die hohen ADP- und AMP-Konzentrationen führen zu einer allosterischen Phosphofruktokinase-Aktivie-

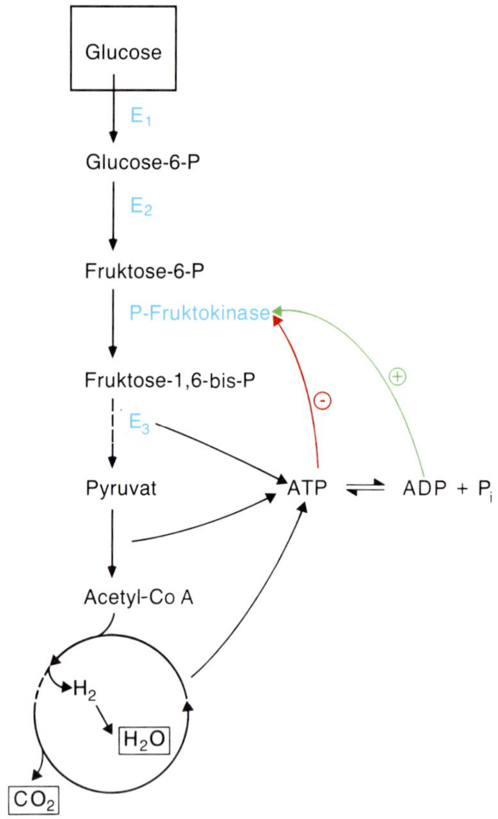

Abb. 10.8. ATP und ADP regulieren allosterisch den Glucoseabbau

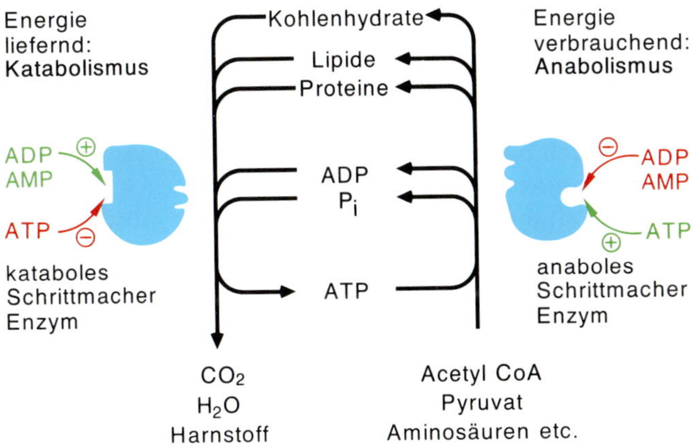

Abb. 10.9. Katabolismus und Anabolismus werden an allosterischen Schrittmacherenzymen **gegensinnig** reguliert

rung, und Glucose wird vermehrt in den Abbau eingeschleust. Der beschriebene Mechanismus zur Regulation des Glucoseabbaus ist in menschlichen Zellen ebenso wirksam wie in Bakterienzellen.

Letzten Endes greifen allosterische Effekte des ATP-ADP-Systems in die Regulation des gesamten Metabolismus ein, so daß hier ein generelles Prinzip der gegensinnigen Regulation von Anabolismus (ATP-verbrauchend) und Katabolismus (ATP-liefernd) abgeleitet werden kann (Abb. 10.9).

Geht es einer Zelle energetisch gut, so ist ATP hoch und ADP niedrig, der energieliefernde Katabolismus kann eingeschränkt werden, und energieverbrauchende Biosynthesen (Anabolismus) können vorgenommen werden. In der umgekehrten Stoffwechselsituation (Energiemangel, d. h., ATP ist niedrig und ADP/AMP hoch) muß der Katabolismus stimuliert und die Investition in Biosynthesen (Anabolismus) bis zum Eintreten energetisch günstigerer Werte von ATP/ADP zurückgestellt werden.

Enzymkatalysierte Enzymumwandlung

1. Phosphorylierung	Glykogenphosphorylase Glykogensynthetase Triglyceridlipase
2. Adenylierung	E.coli-Glutaminsynthetase
3. begrenzte Proteolyse	Proteasen Gerinnung

Abb. 10.10. Enzymkatalysierte Enzymumwandlung

Einige Enzyme sind zum Zweck der Stoffwechselregulation Substrate anderer Enzyme (Abb. 10.10). Drei Mechanismen der enzymatischen Enzymmodifikation stehen dabei im Vordergrund: Phosphorylierung mit ATP über Proteinkinasen, eine Adenylierung und die limitierte Proteolyse. Die Aktivierung von Proenzymen durch limitierte enzymatische Proteolyse z. B. von Vorstufen von Gerinnungsenzymen und Verdauungsenzymen, ist ein irreversibler Vorgang, der also nur einmalg erfolgt, die Proenzyme werden sozusagen verbraucht. Phosphorylierung wie auch Adenylierung sind dagegen reversible Vorgänge. Durch Proteinkinase können diese Enzyme mit ATP phosphoryliert werden; durch Phosphoproteinphosphatase kann der Phosphatrest wieder abgespalten werden. Derartige Zyklen des An- und Abstellens der Enzymaktivität können sich am selben Enzymmolekül sehr viele Male wiederholen.

Diese Vorgänge sind für den Beginn des Triglyceridabbaus im Fettgewebe dargestellt (Abb. 10.11). Das erste Enzym, das den Fettabbau einleitet, ist die Triglyceridlipase, die in zwei Modifikationen vorkommt: in phosphorylierter Form als aktives Enzym; dephosphoryliert in inaktiver Konformation.

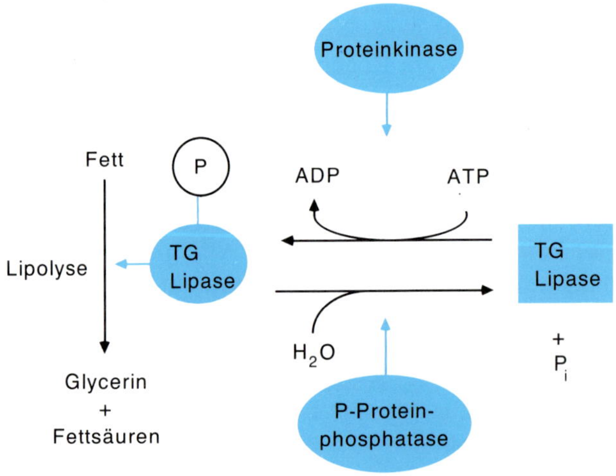

Abb. 10.11. Die Triglyceridlipase kann durch 2 Enzyme in ihrer Aktivität reguliert werden

Ähnliche Verhältnisse liegen beim glykogenabbauenden Enzym Phosphorylase vor. Das in vivo aktive Enzym ist die phosphorylierte Form: Phosphorylase a. Die Umwandlung erfolgt durch eine Phosphorylasekinase, die ebenfalls phosphoryliert aktiv, und dephosphoryliert inaktiv vorliegen kann. Die Aktivierung der Phosphorylasekinase erfolgt durch die Proteinkinase. Diese wird aktiv durch den intrazellulären Überträger („second messenger“) von Hormonwirkungen: cyclo-Adenosinmonophosphat (c-AMP), das durch die Adenylcyclase aus ATP durch Pyrophosphatabspaltung entsteht. Die Adenylcyclase in der Zellmembran von Leber, Muskel und Fettgewebe wird dadurch aktiviert, daß sich z. B. das Hormon Adrenalin an den Rezeptor der Zelle anlagert (Abb. 10.12). Als Folge ergibt sich über die nacheinander als Kaskade ablaufenden Enzymaktivierungen eine enorme Verstärkerwirkung, etwa in der Art, daß ein Hormonmolekül ein Adenylcyclasemolekül aktiviert – dieses setzt intrazellulär in der Zeiteinheit viele c-AMP-Moleküle frei, die wiederum aktivieren entsprechend viele Moleküle der Proteinkinase usw. Als letzte Folge ergibt sich die prompte Stoffwechselwirkung des Adrenalins: Freisetzung von Glucose und freien Fettsäuren als Brennstoffe für die Kampf- oder Fluchtreaktion („fight or flight") bzw. für die Streßsituation.

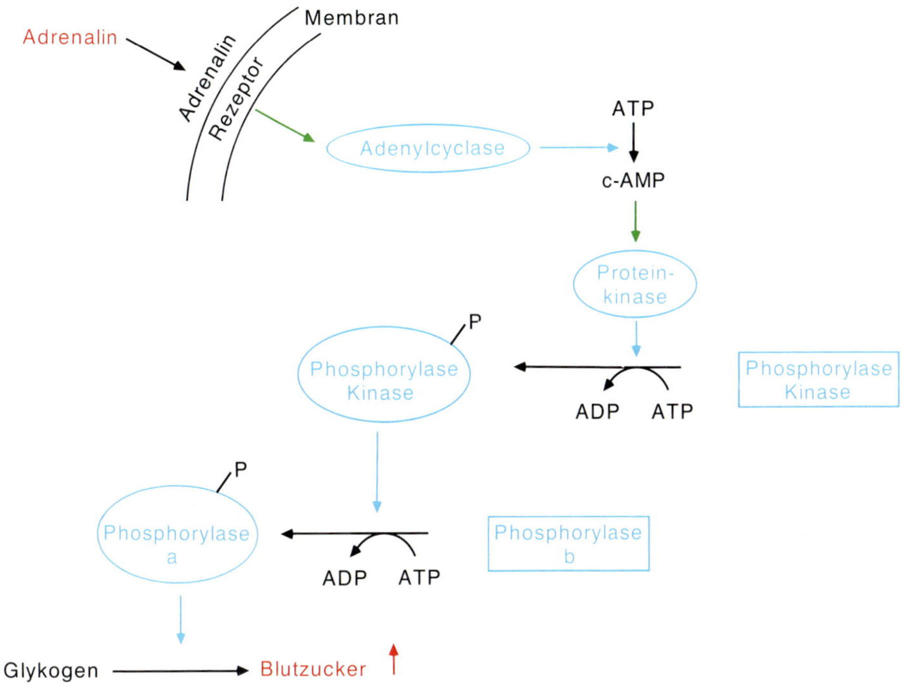

Abb. 10.12. Bei der Reaktion auf Hormone sind enzymkatalysierte Enzymumwandlungen im Sinne einer Verstärkerkaskade miteinander verbunden

Die zunächst widersinnig erscheinende Tatsache, daß manche Enzyme durch Phosphorylierung aktiviert, andere aber gehemmt werden, wird sinnvoll, wenn man die Einzelenzyme als Glieder größerer Stoffwechselwege betrachtet. Durch die enzymatische Phosphorylierung bzw. Dephosphorylierung erfolgt die reversible Umschaltung von Anabolismus auf Katabolismus (Abb. 10.13). Wie die aufgeführten Beispiele zeigen, werden dabei Kohlenhydrat- und Fettstoffwechsel gleichsinnig gesteuert.

Enzym	phosphoryliert	dephosphoryliert
Katabol		
Phosphorylase	↑	↓
Phosphorylasekinase	↑	↓
Hormonabhg. Lipase	↑	↓
Anabol		
Glykogensynthase	↓	↑
Fettsäuresynthase	↓	↑
Acetyl-CoA-Carboxylase	↓	↑

Abb. 10.13. Regulation von Enzymaktivitäten durch chemische Modifikation

11 Begrenzte Proteolyse als Regulationsprinzip

Die limitierte Proteolyse ist eine enzymkatalysierte Enzymumwandlung. – Die proteinspaltenden Enzyme des Verdauungstrakts, Pepsin, Trypsin und Chymotrypsin, hydrolysieren eine Vielzahl von Proteinen in der Nachbarschaft bestimmter Aminosäurereste. Diese Proteasen sind damit auch wirksam gegen körpereigene Proteine. Um einen Schaden quasi durch Selbstverdauung zu vermeiden, werden diese Enzyme als inaktive Vorstufen (Zymogene), als Pepsinogen, Trypsinogen und Chymotrypsinogen, gebildet und sezerniert (Abb. 11.1). Die aktive Form wird aus den Vorstufen durch Spaltung von Peptidbindungen an ganz bestimmten Stellen freigesetzt: begrenzte (limitierte) Proteolyse. Dies erfolgt erst am Ort der Wirkung, der dann meist durch eine nicht angreifbare Schleimschicht geschützt ist.

Gut untersucht ist die Aktivierung des Chymotrypsinogens zum Chymotrypsin (Abb. 11.2). Im ersten Schritt wird durch Trypsin eine einzige Peptidbindung zwischen den Aminosäuren 15 und 16 des aus 245 Aminosäuren bestehenden Chymotrypsinogens gespalten. Beide Bruchstücke sind durch eine Disulfidbrücke weiterhin miteinander verbunden. Die endgültig aktive Form entsteht sozusagen autokatalytisch durch weitere Spaltung. Das aktive α-Chymotrypsin besteht dann aus drei Peptidketten, die durch Disulfidbrükken miteinander verbunden sind.

Ähnlich wie die Verdauungsproteasen werden auch fünf pathophysiologisch interessante proteolytische Enzymsysteme im Blutplasma durch begrenzte Proteolyse aktiviert. Diese Systeme haben Schutz- und Abwehrfunktionen; sie werden zum Teil nach Art einer Verstärkerkaskade in Gang gesetzt (Tabelle 11.1).

Besonders komplex ist das plasmatische Gerinnungssystem, dessen 12 bekannte Faktoren mit römischen Ziffern zwischen I und XIII, neben vielerlei anderen gebräuchlichen Namen, gekennzeichnet werden (Tabelle 11.2).

Die plasmatische Gerinnung kann in ein extrinsisches System mit einem auslösenden Gewebefaktor III und in ein intrinsisches System mit den auslösenden Faktoren Hageman-Faktor (XII) und Präkallikrein, einem Teil des Kininsystems, unterschieden werden (Abb. 11.3). Im intrinsischen System werden beide auslösende Komponenten ganz wesentlich durch Oberflächenaktivierung – ähnlich wie allosterische Enzyme durch positive Effektoren – in ihre aktive Konformation gebracht. Interessant an diesem Auslösemechanismus ist insbesondere die wechselseitig mögliche Aktivierung dieser beiden Faktoren: aktiver Hageman-Faktor (XIIa) kann Präkallikrein zu Kallikrein aktivieren, und Kallikrein seinerseits kann inaktiven Hageman-Faktor zu XIIa aktivieren!

Gemeinsame Endstrecke beider plasmatischen Gerinnungssysteme ist X → Xa, Prothrombin → Thrombin, Fibrinogen → Fibrin.

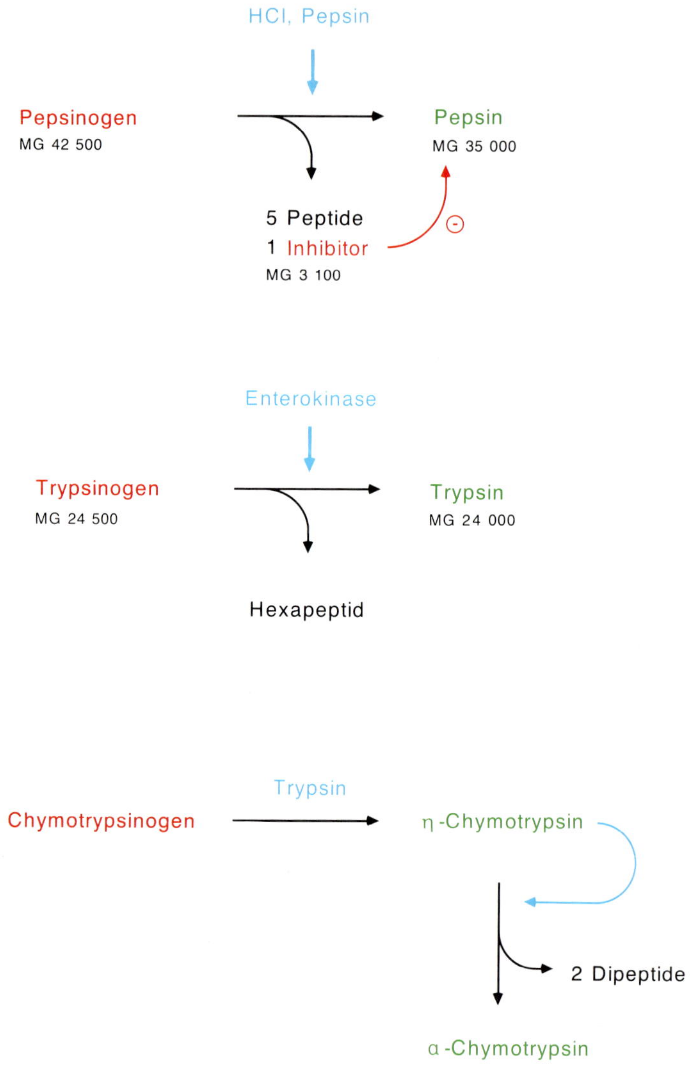

Abb. 11.1. Die Proteasen des Verdauungstraktes werden als inaktive Vorstufen sezerniert und durch begrenzte Proteolyse aktiviert

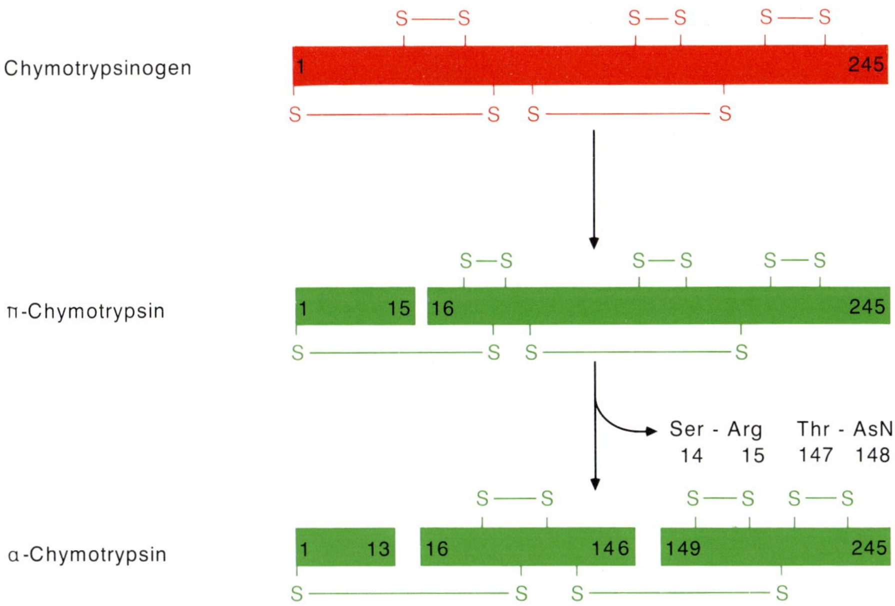

Abb. 11.2. Chymotrypsinogen wird in 2 Schritten durch limitierte Proteolyse aktiviert

Tabelle 11.1. Das Blutplasma enthält 5 klinisch wichtige Enzymkaskaden, die durch limitierte Proteolyse aktiviert werden

Proteolytische Enzymkaskade	Funktion
Gerinnungssystem	Blutstillung
Fibrinolytisches System	Rekanalisierung
Kininsystem	Schmerz, Entzündung
Renin-Angiotensin-System	Hämodynamik
Komplementsystem	Abwehr

Tabelle 11.2. 11 Plasmaproteine sind an der Blutgerinnung beteiligt

Faktor	Bezeichnung
I	Fibrinogen
II	Prothrombin
III	Gewebsthromboplastin
V	Proaccelerin
VII	Prokonvertin
VIII	Antihämophiles Globulin A
IX	Antihämophiles Globulin B (Christmas-F.)
X	Stuart-Prower-Faktor
XI	Plasma-Thromboplastin
XII	Hageman-Faktor
XIII	Fibrinstabilisierender Faktor (Transglutaminase)

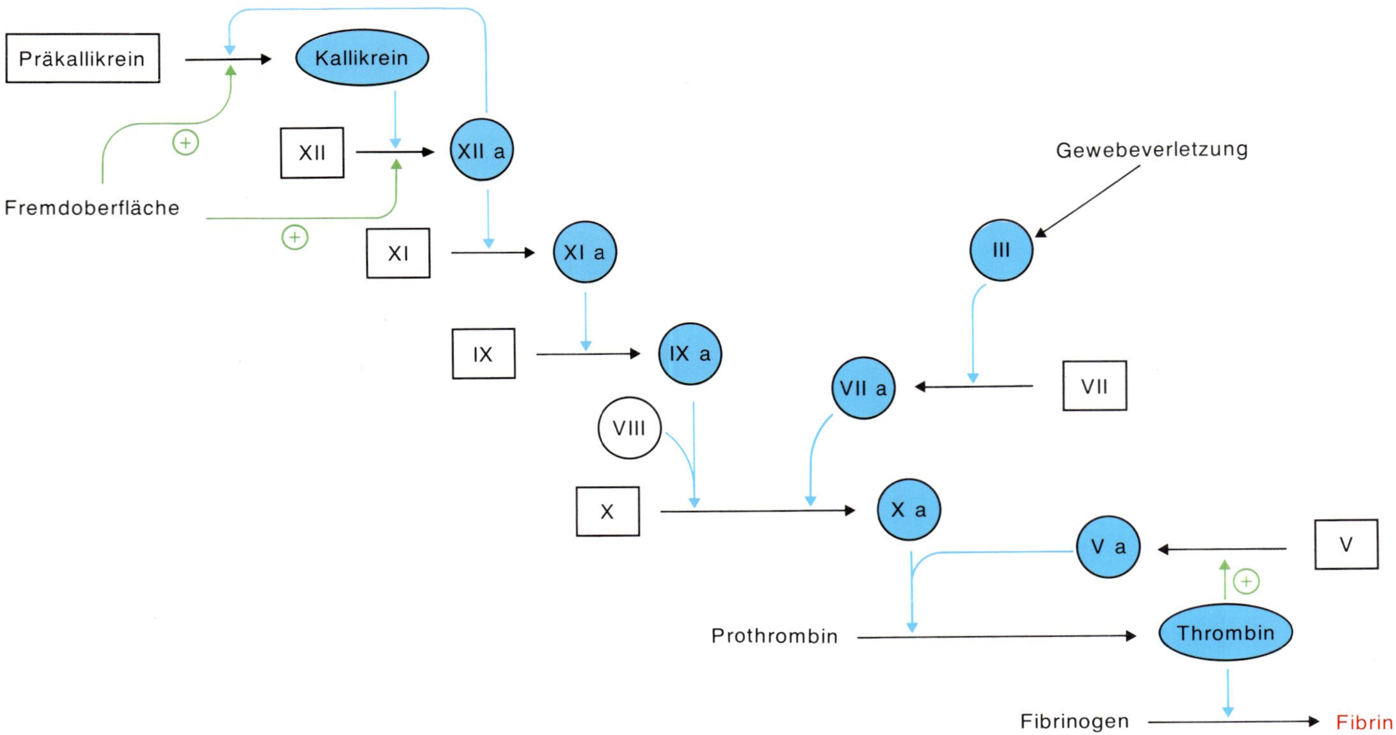

Abb. 11.3. Die Blutgerinnung basiert auf einer Kaskade enzymatischer limitierter Proteolysen

Fibrin, insbesondere in seiner durch XIIIa kovalent vernetzten Struktur, ist der wesentliche mechanisch stabile Teil eines Verschlußthrombus zur Blutstillung.

Das skizzierte System der Gerinnung führt nur dann zur mehr oder minder vollständigen Heilung, wenn in reparierten Gefäßen überschießend gebildete Thromben auch wieder aufgelöst werden können, wenn also eine Rekanalisierung stattfinden kann. Hierzu dient das fibrinolytische System mit den drei Hauptfaktoren Plasminogen, Gewebeaktivator und Plasmaproaktivator (Tabelle 11.3).

Tabelle 11.3. Fibrinolysefaktoren

Plasminogen
Gewebeaktivator
Plasmaproaktivator

In Analogie zur plasmatischen Gerinnung kann auch die Fibrinolyse auf einem intrinsischen und einem extrinsischen Weg durch begrenzte Proteolyse ausgelöst werden (Abb. 11.4). Besonders hervorzuheben ist, daß im intrinsischen Weg Gerinnung und Fibrinolyse durch dieselben Faktoren, nämlich Hageman-Faktor (XII) und Präkallikrein/Kallikrein, in Gang gesetzt werden. Das am Ende beider Wege aus Plasminogen aktivierte Enzym Plasmin ist eine Protease, die bevorzugt das unlösliche Fibrin hydrolytisch zu löslichen Spaltprodukten abbaut.

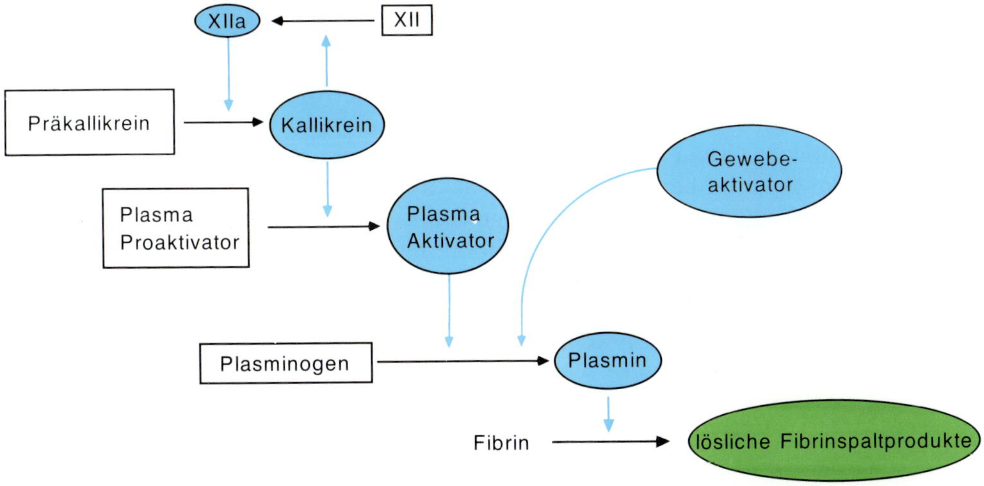

Abb. 11.4. Die Fibrinolyse wird analog zur Gerinnung durch begrenzte Proteolyse ausgelöst

Das bei Gerinnung und Fibrinolyse bereits aktive proteolytische Enzym Kallikrein ist noch an einem dritten, pathophysiologisch bedeutsamen System entscheidend beteiligt: dem Kininsystem (Abb. 11.5).

Das durch Oberflächenaktivierung oder durch aktiven Hageman-Faktor (XIIa) aus Präkallikrein entstandene proteolytische Enzym Kallikrein setzt aus einem in der Leber synthetisierten α_2-Globulin, dem Kininogen, durch limitierte Proteolyse ein physiologisch und pharmakologisch stark wirksames Peptid aus neun Aminosäuren, Bradykinin, frei.

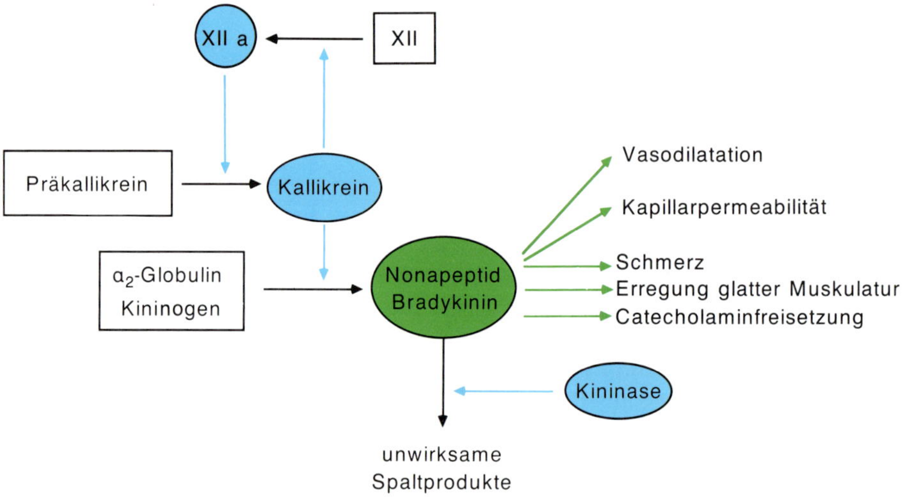

Abb. 11.5. Das Kininsystem wird bei Verletzungen und Entzündungen durch limitierte Proteolyse in Gang gesetzt

Bradykinin ist an vielen Schmerz- und Entzündungsreaktionen sowie an der Oedem-Bildung beteiligt; es wird inaktiviert durch proteolytischen Abbau: diese Enzyme werden Kininasen genannt.

Bei Störungen der Nierendurchblutung wird aus dem juxtaglomerulären Apparat der Niere ein proteolytisches Enzym, das Renin, ins Blut abgegeben (Abb. 11.6). Durch das Renin wird im Blut aus dem Eiweißkörper Angiotensinogen begrenzt proteolytisch das 10er-Peptid Angiotensin I abgespalten. Begrenzt proteolytisch wird Angiotensin I zu einem Peptid aus acht Aminosäuren, Angiotensin II, verkürzt. Diese Protease wird „converting enzyme" genannt und kommt in vielen Organen, besonders reichlich in der Lunge, vor.

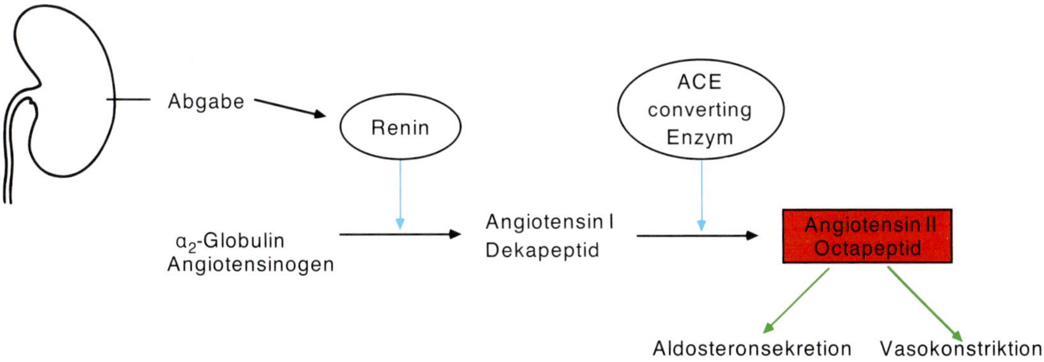

Abb. 11.6. Das Renin-Angiotensin-Aldosteron-System spielt in der Pathophysiologie der Hypertonie eine entscheidende Rolle

Angiotensin II bewirkt über eine Vasokonstriktion eine Blutdruckerhöhung; durch gleichzeitige Stimulierung der Aldosteronfreisetzung in der Nebennierenrinde erhöht es über eine ausgeprägte Kochsalzretention das Flüssigkeitsvolumen.

Beide Mechanismen sind entscheidend beteiligt bei der Entstehung des nephrogenen Bluthochdrucks.

Ein weiteres über begrenzte Proteolyse aktiviertes Enzymsystem im Blut ist das Komplementsystem, das im wesentlichen Schutz- und Abwehrfunktion hat, indem es die vom Immunsystem als fremd erkannten Zellen auflöst (Abb. 11.7).

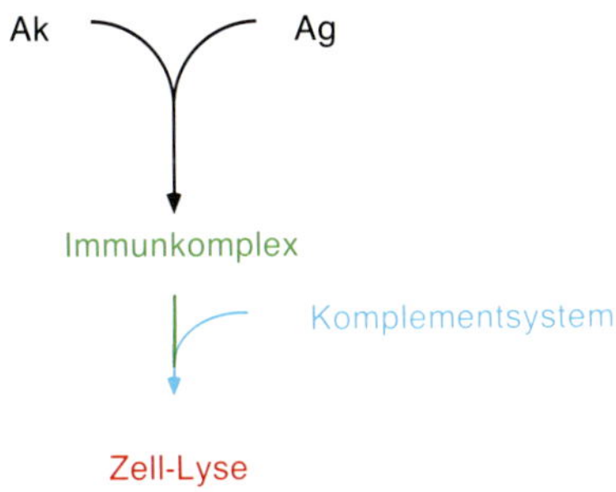

Abb. 11.7. Das Komplementsystem im Blutplasma kann durch Antigen-Antikörper-Komplexe aktiviert werden

Im Komplementsystem konnten bisher mindestens 14 beteiligte Faktoren identifiziert werden, die drei verschiedenen Aktivierungswegen und einer gemeinsamen Endstrecke zugeordnet werden können (Tabelle 11.4).

Die drei Aktivierungswege können entweder durch Gerinnung/Fibrinolyse oder durch immunologische Vorgänge ausgelöst werden. Die gemeinsame Endstrecke umfaßt begrenzte Proteolyse und diverse Komplexbildungen (Abb. 11.8).

Die vier plasmatischen Schutz- und Abwehrsysteme sind über das Präkallikrein-Kallikrein-System direkt und indirekt funktionell eng miteinander verknüpft (Abb. 11.9).

Kallikrein setzt die vasoaktiven Kinine frei und löst zusammen mit dem Hageman-Faktor die Gerinnung und die Fibrinolyse aus.

Über Plasmin und Thrombin wirkt es auch indirekt auf die alternative Komplementaktivierung ein.

Tabelle 11.4. Bis zu 14 Plasmafaktoren können sich an der Komplementaktivierung beteiligen

Klassischer Weg
C 1
C 2
C 4
Alternativer Weg
Faktor B
Faktor D
Properdin
Direkter Weg
Plasmin
Thrombin
Gemeinsame Endstrecke
C 3
C 5
C 6
C 7
C 8
C 9

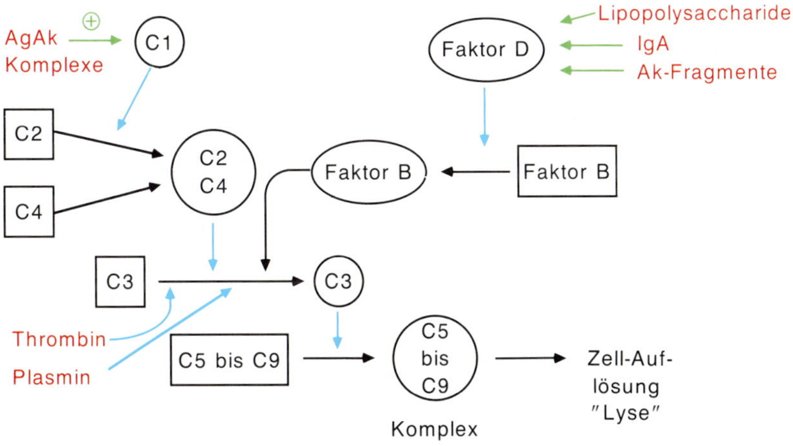

Abb. 11.8. Das Komplementsystem ist auf 3 Wegen auslösbar

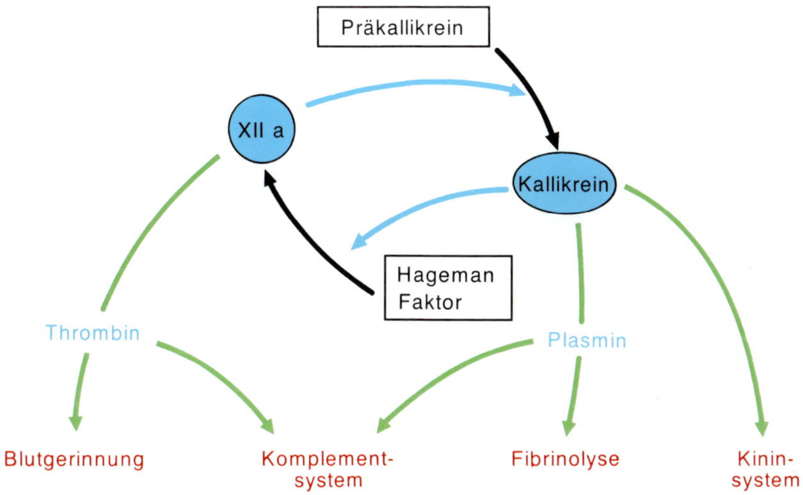

Abb. 11.9. Die 4 proteolytischen Enzymkaskaden im Blut sind funktionell eng miteinander verknüpft über die Protease Kallikrein (E. C. 3.4.21.8)

12 Enzymsynthese und Enzymabbau

Enzyme als Biokatalysatoren verlassen den katalytischen Kreisprozeß unverändert, sie werden bei den von ihnen katalysierten Reaktionen nicht verbraucht, und in den verschiedenen Organen kommen die Enzyme in relativ konstanter Aktivität vor. Trotzdem liegt der Enzymausstattung des Körpers eine extreme Dynamik zugrunde. Enzyme werden laufend abgebaut und durch neu synthetisiertes Enzymprotein ersetzt.

Die Dynamik dieses Umsatzes läßt sich am besten aus den Halbwertszeiten der Enzymproteine ersehen, diese können für einzelne Enzyme Minuten betragen, andere haben eine längere Lebensdauer und zeigen Halbwertszeiten von Wochen (Tabelle 12.1).

Tabelle 12.1. Die Halbwertszeiten von Enzymen variieren von Minuten bis zu Wochen

Enzym – Proenzym	$t_{1/2}$
Ornithindecarboxylase (Leber)	10 min
Tyrosintransaminase (Leber)	90 min
Prokonvertin (F VII)	5 h
Prothrombin (F II)	3 Tage
Plasma-Butyrylcholinesterase	2 Wochen

Der proteolytische Abbau der Enzyme in vivo ist am besten mit radioaktiv markierten Enzymproteinen zu bestimmen; eine weitere Möglichkeit bietet sich, wenn die Neusynthese spezifisch gehemmt werden kann und dann der Aktivitätsabfall in der folgenden Zeit gemessen wird (Abb. 12.1). Der Aktivitätsabfall erfolgt nach einer Reaktion 1. Ordnung, d. h. in einer Exponentialfunktion mit konstanten Halbwertszeiten. Der Grund hierfür liegt darin, daß die das Enzymprotein abbauenden Proteinasen einmal weit unterhalb ihres K_m-Wertes aktiv werden müssen, zum anderen wird bevorzugt denaturiertes Protein abgebaut, und die Denaturierung als spontane monomolekulare Reaktion ist per definitionem eine Reaktion erster Ordnung. Diese Erklärung dürfte zumindest für Enzyme mit großer Halbwertszeit mit entscheidend sein.

Die Biosynthese der Enzymproteine verläuft nach dem gängigen Mechanismus der Proteinbiosynthese (Abb. 12.2). Hierbei ist weitgehend eine konstante Synthesegeschwindigkeit anzunehmen, also eine Reaktion nullter Ordnung, wie praktisch bei allen enzymatischen Reaktionen unter Standardbedingungen.

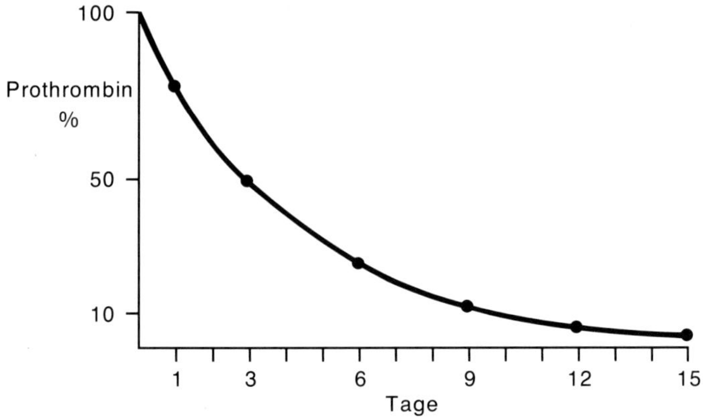

Abb. 12.1. Aktivitätsabfall des Plasmaprothrombins bei vollständiger Hemmung der Neusynthese durch Cumarinderivate

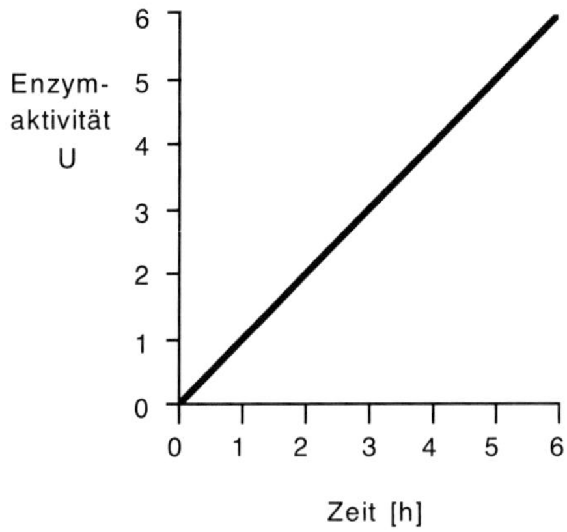

Abb. 12.2. Die Biosynthese eines Enzyms erfolgt linear mit der Zeit

Die Umsatzgeschwindigkeiten der Enzyme, also der Abbau – kenntlich an den Halbwertszeiten –, und die Synthesegeschwindigkeit sagen letztlich nichts aus über die vorhandene Enzymmenge bzw. Enzymaktivität, genauso wie umgekehrt die Höhe der Aktivität nichts über die tatsächliche Dynamik des Umsatzes aussagt (Abb. 12.3). Es stellt sich immer ein dynamisches Gleichgewicht, ein Fließgleichgewicht zwischen Synthese und Abbau, ein.

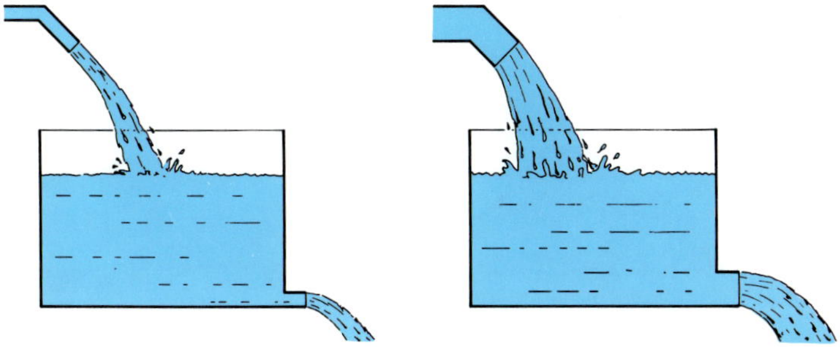

Abb. 12.3. Die stationäre Konzentration eines Enzyms ergibt sich aus den Geschwindigkeitskonstanten von Biosynthese und Abbau. Identische Steady-state-Konzentrationen können sich bei ganz unterschiedlichen Umsatzraten einstellen

13 Enzymhemmung

Die Hemmung von Enzymaktivitäten kann durch körpereigene oder durch körperfremde Hemmstoffe (Inhibitoren) erfolgen. Die Enzymhemmung spielt eine wichtige Rolle in der Pathophysiologie und Pathobiochemie, sie ist darüber hinaus die Grundlage der Wirkung von vielen Arzneimitteln und Giften.

Nach dem molekularen Reaktionsmechanismus müssen die irreversible Enzymhemmung, bei der sich eine kovalente Bindung zwischen Hemmstoff und Enzym ausbildet, und die reversible, also umkehrbare, Hemmung unterschieden werden (Abb. 13.1). Bei letzter wird der Hemmstoff nur durch Nebenvalenzen an das Enzym angelagert und kann entsprechend dem Massenwirkungsgesetz wieder abdissoziieren. Bei der reversiblen Hemmung können vier Untertypen unterschieden werden. Die Festlegung dieser vier reversiblen Hemmtypen erfolgt durch kinetische Analyse der Substratabhängigkeit der Enzymaktivität in Gegenwart verschiedener Inhibitorkonzentrationen.

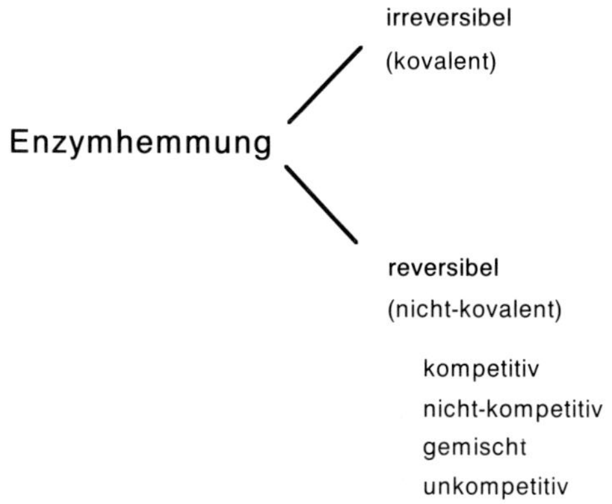

Abb. 13.1. Bei Enzyminhibitoren werden irreversible und reversible Typen unterschieden.

Die irreversible Enzymhemmung ist gekennzeichnet durch die Ausbildung einer kovalenten chemischen Bindung des Inhibitors an das aktive Zentrum des Enzyms (Abb. 13.2). Häufig entsteht dabei diese Bindung als Ester- oder als Säureamidbindung unter Wasseraustritt, aber auch andere Reaktionstypen kommen vor. Bei der irreversiblen Enzymhemmung wird durch die kovalente Bindung des Inhibitors dem enzymatischen Kreisprozeß das Enzym vollständig entzogen. Zwar bildet sich zunächst ein reversibler Enzym-Inhibitorkomplex, analog und in Konkurrenz zum Enzym-Substratkomplex, in der daraus erfolgenden chemischen Reaktion entsteht dann das irreversibel (Pfeil nur in einer Richtung) gehemmte Enzym (Abb. 13.3).

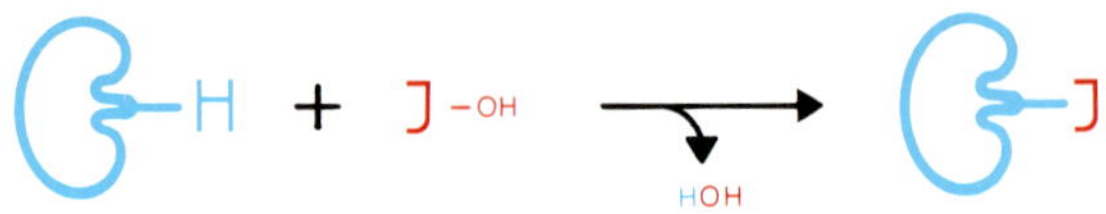

Abb. 13.2. Bei der irreversiblen Enzymhemmung wird der Inhibitor durch eine chemische Reaktion mit dem Enzym verbunden. (kovalente Bindung zwischen Inhibitor und Enzym)

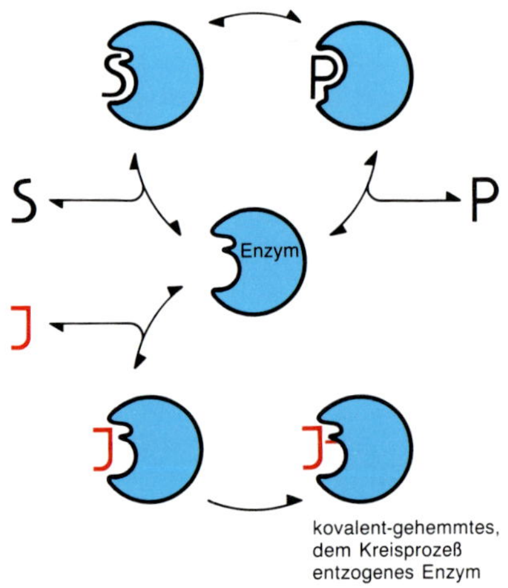

Abb. 13.3. Irreversible Enzymhemmung

Wird ein irreversibler Hemmstoff radioaktiv markiert, so kann man ihn, chemisch an das aktive Zentrum gebunden, nach Isolierung, Reinigung und nach partiellem Abbau des gehemmten Enzyms nachweisen. Die aktiven Zentren der serinhaltigen Proteasen und der Esterasen sind so markiert und analysiert worden. Praktisch wichtig ist die Tatsache, daß durch Verdünnen bzw. Entfernen des freien Inhibitors, z. B. durch Abbau oder durch Ausscheidung, eine irreversible Enzymhemmung nicht aufgehoben werden kann (Tabelle 13.1). Auch eine Veränderung der Substratkonzentration hat keinen Einfluß auf die irreversible Enzymhemmung. Bei unvollständiger irreversibler Enzymhemmung zeigt die Restaktivität normale kinetische Eigenschaften.

Einige bekannte Arzneimittel und Gifte entfalten ihre Wirkung über eine irreversible Hemmung bestimmter Zielenzyme (Tabelle 13.2). Die Wirkungsdauer irreversibler Enzyminhibitoren wird weitgehend von der Lebensdauer der Zielenzyme bestimmt, die Aufhebung der Wirkung erfolgt durch Neubildung von freiem, also aktivem Enzym.

Tabelle 13.1. Wie ist ein irreversibler Hemmtyp zu erkennen?

1. Nachweis des kovalent gebundenen Hemmstoffs am Enzym
2. Keine Aufhebung der Hemmung durch Entfernen des freien Inhibitors oder durch Erhöhung der Substratkonzentration
3. Restaktivität durch noch ungehemmtes Enzym hat normale kinetische Parameter

Tabelle 13.2. Wichtige Arzneimittel, aber auch Gifte wirken über eine irreversible Enzymhemmung

Hemmstoff	Zielenzym und Wirkung
Acetylsalicylsäure (z. B. Aspirin, Colfarit)	Acetylierung der Cyclooxygenase
Penicillin	Penicilloylester der Transpeptidase
Insektizide vom Organophosphattyp (z. B. E 605)	Alkylphosphorylierung der Acetylcholinesterase
Allopurinol	Bindung an Xanthinoxidase

Als Beispiel für eine irreversible Hemmung sei die Wirkung von Acetylsalicylsäure (Aspirin, Colfarit) dargestellt (Abb. 13.4). Angelagert an das Zielenzym Cyclooxygenase erfolgt unter Abgabe von Salicylsäure eine Acetylierung des aktiven Zentrums. Verschiedene Cyclooxygenasen in verschiedenen Zellen werden unterschiedlich schnell gehemmt, dies erklärt die dosisabhängigen verschiedenen Wirkungen auf das Gerinnungssystem und auf Entzündungsvorgänge.

Reversible Enzyminhibitoren bilden mit dem Enzymmolekül einen nichtkovalenten, also dissoziablen Komplex (Abb. 13.5). Sie wirken damit nur so lange, wie freier Inhibitor in einer nach dem Massenwirkungsgesetz jeweils nötigen Konzentration vorliegt. Abbau des Inhibitors oder seine Ausscheidung hebt also die Hemmung wieder auf. Häufig besteht eine Konkurrenz (Kompetition) zwischen Substrat und Inhibitor um das aktive Zentrum des Enzyms.

Das Substrat beeinflußt bei reversiblen Enzyminhibitoren die Hemmung, die Inhibitoren ihrerseits beeinflussen das kinetische Verhalten des Enzyms (Tabelle 13.3).

Die Bindung eines reversiblen Inhibitors an das aktive Zentrum kann bestimmt werden durch die Bindungskonstante K_i; wie bei der Michaelis-Konstante (K_m) handelt es sich dabei um eine Gleichgewichtskonstante (Abb. 13.6). Die Inhibitorkonstante (Hemmkonstante) K_i ergibt sich aus dem Quotienten der Geschwindigkeitskonstanten von Dissoziation und Assoziation des Inhibitors an das Enzym.

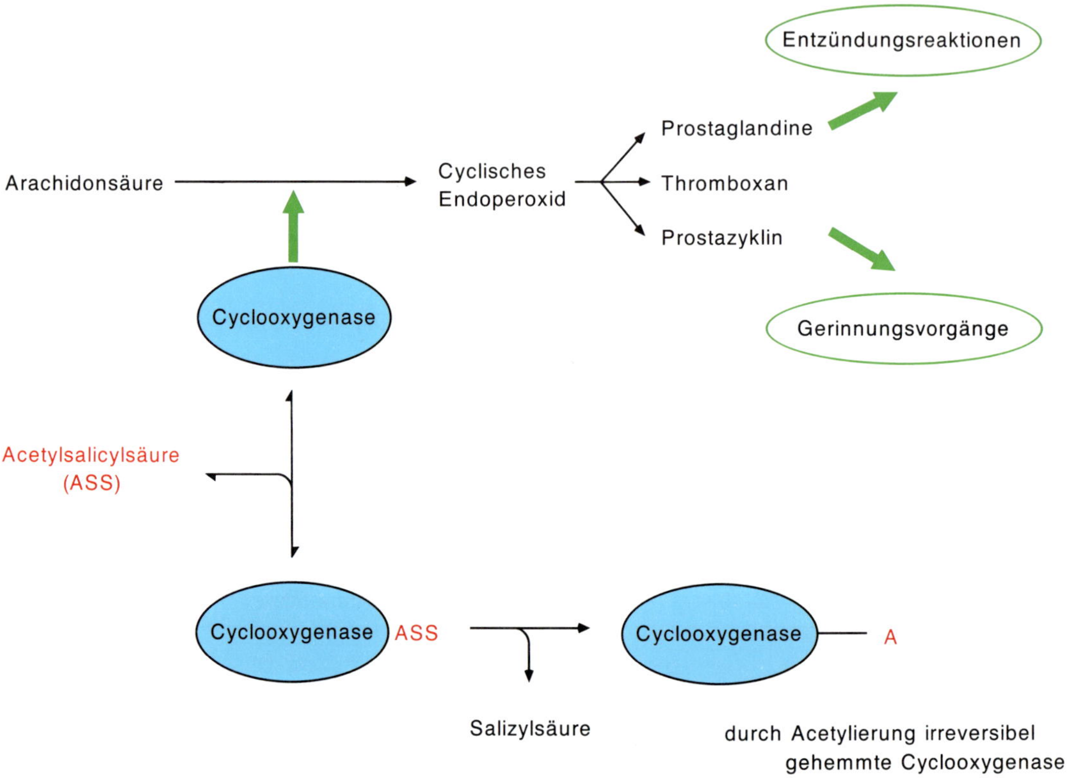

Abb. 13.4. Acetylsalicylsäure, ASS (Aspirin), wirkt hemmend auf Entzündungsreaktionen und auf die Blutgerinnung durch irreversible Hemmung der Cyclooxygenase

Arzneimittel und Gifte mit reversibler Hemmwirkung müssen für die gesamte Wirkungszeit in einer ausreichenden Konzentration vorliegen (Tabelle 13.4). Acarbose bewirkt über eine reversible Hemmung der Pankreasamylase eine verzögerte Stärkeverdauung. Bei Diabetikern kann so eine über längere Zeit konstante Glucoseresorption erreicht werden; das Blutzuckertagesprofil wird dadurch verbessert.

Trimethoprim, in der Chemotherapie bakterieller Infektionen, wirkt über eine reversible Hemmung der bakteriellen Folsäurereduktase, wodurch wichtige Biosynthesewege im bakteriellen Stoffwechsel gestört werden.

Prostigmin ist ein reversibler Inhibitor der Acetylcholinesterase, es kann zur Verbesserung der neuromuskulären Erregungsübertragung bei Myasthenia gravis eingesetzt werden. Acetazolamid ist ein vielfach zur Hypertoniebehandlung eingesetzter reversibler Inhibitor der Carboanhydrase.

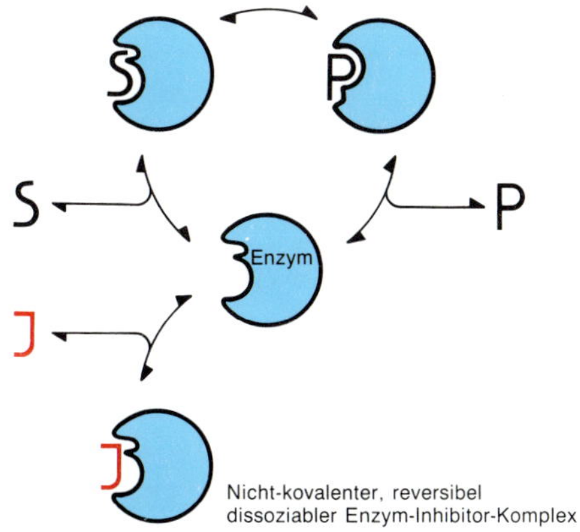

Abb. 13.5. Reversible Enzymhemmung. In Abhängigkeit von der Konzentration an freiem Inhibitor werden dem katalytischen Kreisprozeß kurzfristig und reversibel Enzymmoleküle entzogen

$$E + J \underset{k_{-1}}{\overset{k_{+1}}{\rightleftharpoons}} EJ$$

$$\frac{[E] \cdot [J]}{[EJ]} = K_i$$

$$\frac{k_{-1}}{k_{+1}} = K_i$$

Abb. 13.6. Die reversible Enzymhemmung kann nach der Michaelis-Theorie analysiert werden

Tabelle 13.3. Woran läßt sich eine reversible Enzymhemmung erkennen?

1. Beeinflussung durch die Substratkonzentration
2. Entfernung des freien Inhibitors hebt die Hemmung vollständig auf
3. In Gegenwart des Inhibitors hat die evtl. noch vorhandene Restaktivität veränderte kinetische Parameter

Tabelle 13.4. Beispiele für therapeutisch genutzte reversible Enzymhemmer

Hemmstoff	Zielenzym
Acarbose	Amylase
Trimethoprim	Folsäurereduktase
Prostigmin	Acetylcholinesterase
Acetazolamid (Diamox)	Carboanhydrase
Aprotinin (Trasylol)	Gewebe- u. Plasma-Kallikrein Plasmin Trypsin

Aprotinin ist ein Hemmstoff für viele Serin-haltige Proteasen. Im Prinzip handelt es sich auch hier um eine reversible Enzymhemmung, aber die Dissoziation des Protease-Aprotinin-Komplexes (k_{-1} in Abb. 13.6) erfolgt so langsam, daß auch nach Entfernung des freien Aprotinins das Enzym praktisch noch gehemmt bleibt. Man spricht in einem solchen Fall von einer pseudoirreversiblen Enzymhemmung.

Die kompetitive reversible Hemmung der Vitamin-K-abhängigen Proteincarboxylase der Leber durch Cumarinderivate beruht auf einer Konkurrenz zwischen Vitamin K und Hydroxycumarinen um die Bindungsstelle am Enzym (Abb. 13.7). Durch partielle Hemmung kann zur Thromboseprophylaxe die Konzentration der Gamma-carboxyglutaminsäure-haltigen Gerinnungsfaktoren II, VII, IX und X herabgesetzt werden. Eine genaue medikamentöse Einstellung der durch den Quickwert regelmäßig zu kontrollierenden Patienten setzt wegen des kompetitiven Wirkungsmechanismus eine etwa gleichbleibende Vitamin-K-Zufuhr über die Ernährung voraus, die Patienten sind also an bestimmte Diätvorschriften gebunden. Interessant ist in bezug auf die Cumarinderivate, daß ihre klinische Wirkung erst um ca. 24 h verzögert mit dem Verbrauch noch vorhandener Gerinnungsfaktoren eintritt. Dies macht sie in hoher Dosierung zu hochwirksamen Rattengiften, da diese Tiere im Sozialverband gewöhnlich alle Nahrungsstoffe meiden, an denen ein Tier verendet ist. Bei Dicumaringiftködern stellt die Rattenpopulation den Kausalzusammenhang zwischen Futteraufnahme und tödlicher Erkrankung wegen des verzögerten Auftretens nicht mehr her. Wirksames Antidot bei Vergiftungen mit Dicumarin ist, ebenfalls auf der Grundlage des kompetitiv reversiblen Hemmechanismus, hoch dosiertes Vitamin K.

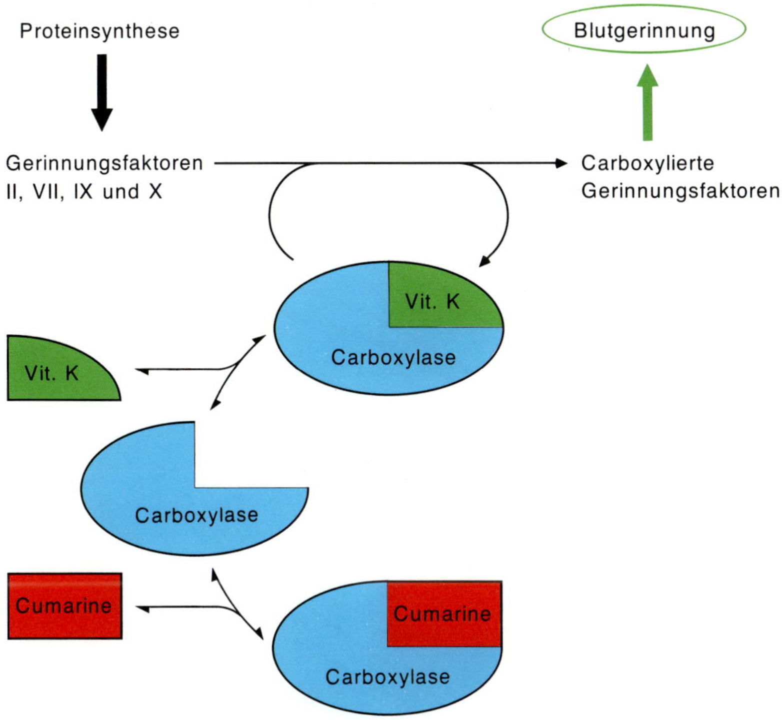

Abb. 13.7. Gerinnungshemmer vom Cumarintyp hemmen kompetitiv die Bindung von Vitamin K an die Proteincarboxylase der Leber

Der reversible kompetitive Hemmtyp kann sehr einfach durch eine Untersuchung der Substratabhängigkeit in Gegenwart verschiedener Inhibitorkonzentrationen nachgewiesen werden. In der doppelt-linearen Darstellung nach Michaelis-Menten und in der doppelt-reziproken Lineweaver-Burk-Auftragung sieht man, wie durch Erhöhung der Substratkonzentration der Inhibitoreinfluß aufgehoben werden kann (Abb. 13.8). Die maximale und die halbmaximale

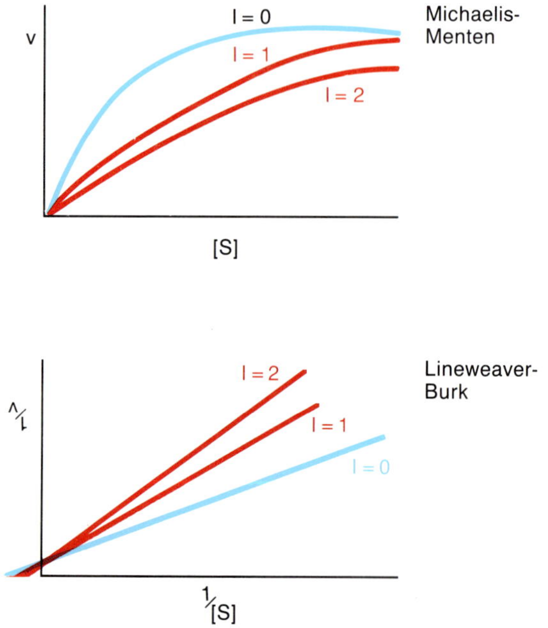

Abb. 13.8. Bei der kompetitiven reversiblen Enzymhemmung bleibt V_{max} gleich, der scheinbare K_m-Wert wird aber größer

Geschwindigkeit werden also in Gegenwart des Inhibitors erst bei größeren Substratkonzentrationen erreicht.

Die reversible nicht-kompetitive Enzymhemmung sieht dagegen in der Darstellung der Substratabhängigkeit wie eine irreversible Enzymhemmung aus: die Geschwindigkeit ist um einen jeweils konstanten Anteil erniedrigt, der K_m-Wert bleibt aber gleich (Abb. 13.9).

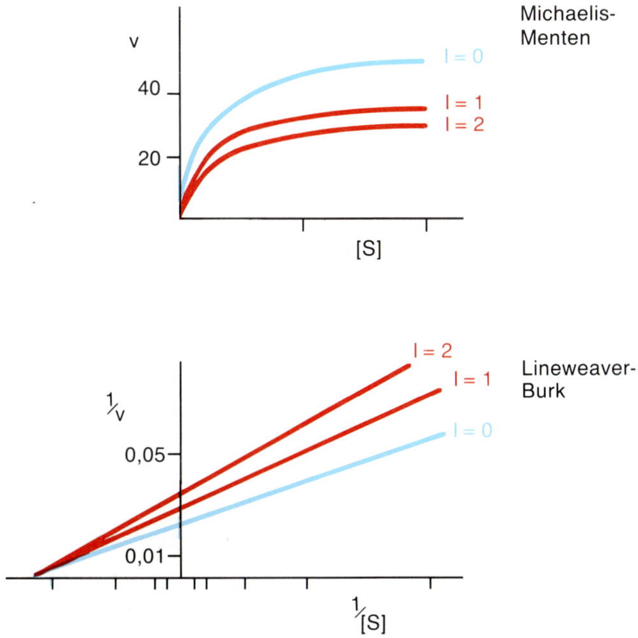

Abb. 13.9. Bei der nichtkompetitiven reversiblen Enzymhemmung wird V_{max} erniedrigt und der K_m-Wert bleibt unverändert

Zur Unterscheidung reversibel – irreversibel muß untersucht werden, ob nach Entfernung des Hemmstoffs durch Dialyse oder Gelfiltration oder nach Verdünnen des Enzymansatzes die Hemmung bestehen bleibt.

In der überwiegenden Anzahl der Fälle reversibler Enzymhemmung wirkt der Inhibitor gleichzeitig kompetitiv und nicht-kompetitiv, dieser gemischte Hemmtyp ist am besten in der Lineweaver-Burk-Auftragung daran zu erkennen, daß der Schnittpunkt der Geraden zwischen Ordinate und Abszisse liegt, also sowohl V_{max} erniedrigt, als auch K_m in Gegenwart des Inhibitors erhöht ist (Abb. 13.10).

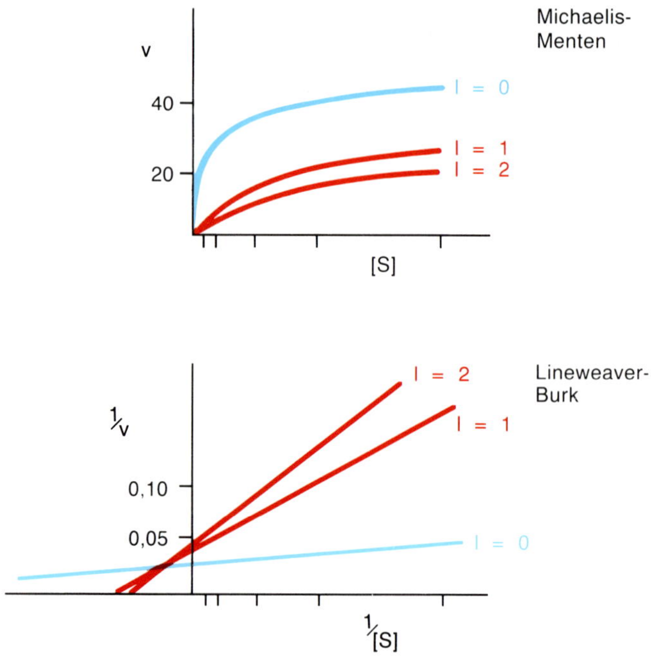

Abb. 13.10. Beim gemischten reversiblen Hemmtyp wird V_{max} kleiner und K_m steigt an

Relativ selten kommt der sogenannte unkompetitive reversible Hemmtyp vor. Hierbei wird in Gegenwart des Inhibitors das Substrat besser angelagert (K_m wird kleiner), aber dann am Enzym langsamer umgesetzt (Abb. 13.11).

Bei der kompetitiven reversiblen Enzymhemmung läßt sich die Inhibitorkonstante K_i graphisch ermitteln, wenn auf der Abszisse linear die Inhibitorkonzentration und auf der Ordinate die reziproke Umsatzgeschwindigkeit aufgetragen werden (Abb. 13.12). Die verschiedenen Geraden für die verschiedenen Substratkonzentrationen schneiden sich in einem Punkt, der im negativen Bereich über der Abszisse direkt $-K_i$ ergibt.

Die Bedeutung einer kinetischen Analyse reversibler Hemmvorgänge für die Praxis kann an einem Transportprotein erklärt werden (Abb. 13.13). Kohlenmonoxid hemmt kompetitiv den O_2-Transport des Hämoglobins. Die Bin-

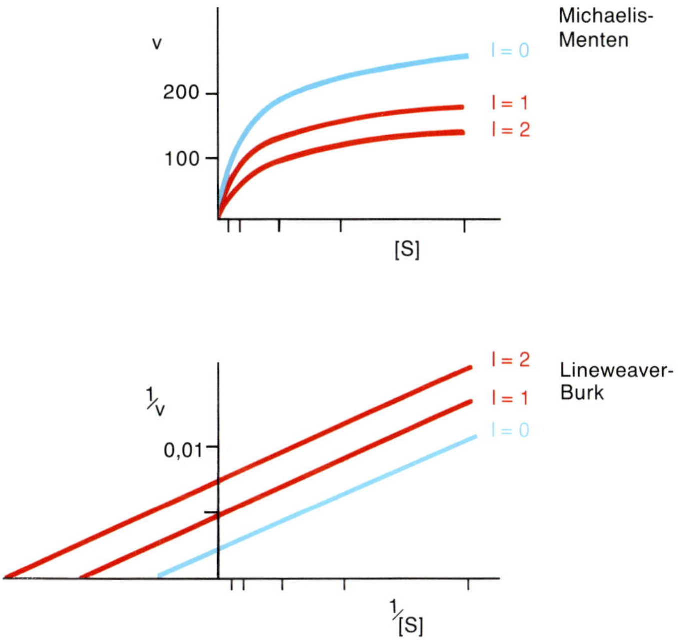

Abb. 13.11. Die unkompetitive reversible Enzymhemmung ist durch eine Abnahme von K_m und V_{max} charakterisiert

dungskonstante des O_2 errechnet sich aus dem Quotienten der Geschwindigkeitskonstanten für die Dissoziation und die Assoziation als Gleichgewichtskonstante mit 10^{-2}. Kohlenmonoxid geht 30mal langsamer an das Hb als das O_2, die Dissoziation ist sogar 10000mal langsamer. Die Gleichgewichtskonstante, quasi der K_m-Wert der CO-Anlagerung an das Hb, ist aus dem Quotienten Dissoziationsgeschwindigkeit/Assoziationsgeschwindigkeit mit 3×10^{-5} zu errechnen, also hat CO eine 300fach stärkere Affinität zum Hb als O_2. Während O_2 schnell abdissoziiert, z. B. in Gewebe mit einer Halbwertszeit von 18 ms, geht das CO mit einer Halbwertszeit von 3 min so langsam wieder aus dem Hb ab, daß viele Lungenpassagen eines Erythrozyten notwendig sind, um das Kohlenmonoxid wieder abzuatmen.

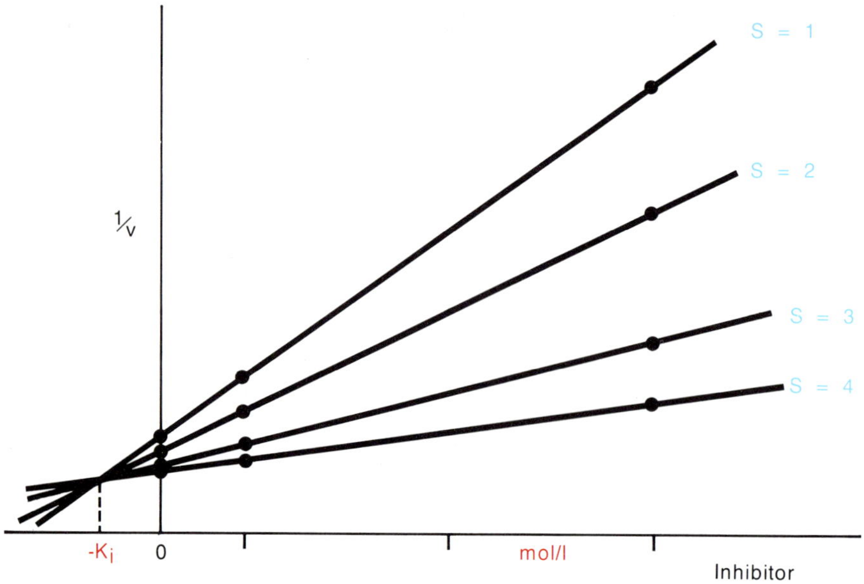

Abb. 13.12. Durch die Auftragung nach Dixon läßt sich die reversible Hemmkonstante K_i direkt graphisch ermitteln

$$Hb + O_2 \underset{40}{\overset{4000}{\rightleftharpoons}} HbO_2$$

$$\frac{[Hb] \cdot [O_2]}{[HbO_2]} = \frac{40}{4000} = 10^{-2}$$

$$Hb + CO \underset{0{,}004}{\overset{130}{\rightleftharpoons}} HbCO$$

$$\frac{[Hb] \cdot [CO]}{[HbCO]} = \frac{0{,}004}{130} = 3 \cdot 10^{-5}$$

$$HbCO \xrightarrow{0{,}004} Hb + CO$$

$$t_{1/2} = \frac{0{,}693}{0{,}004} = 3\ \text{min}$$

Abb. 13.13. Kohlenmonoxid hemmt kompetitiv den O_2-Transport durch Hämoglobin

Die Giftigkeit des CO erklärt sich aus der kompetitiven Hemmwirkung mit der 300fach niedrigeren Inhibitorkonstante K_i gegenüber der Bindungskonstante K_m für O_2; der klinische Verlauf mit dem langsamen Einsatz der Symptome und der langen Nachwirkung erklärt sich aus den Geschwindigkeitskonstanten. Der kompetitiv-reversible Hemmtyp erklärt die therapeutische Wirkung einer O_2-Überdruckbeatmung bei einer CO-Intoxikation.

Manche reversiblen Hemmstoffe lagern sich sehr schnell an das aktive Zentrum des Enzyms an, gehen aber extrem langsam wieder ab (Abb. 13.14). Man hat deshalb für derartige Hemmungen den Begriff pseudoirreversibler Hemmtyp geprägt.

$$\text{Trypsin} + \text{Aprotinin} \underset{36 \cdot 10^{-7}}{\overset{6 \cdot 10^{7}}{\rightleftharpoons}} \text{Trypsin Aprotinin}$$

$$\frac{[\text{Trypsin}] \cdot [\text{Aprotinin}]}{[\text{Trypsin Aprotinin}]} \quad \frac{36 \cdot 10^{-7}}{6 \cdot 10^{7}} = 6 \cdot 10^{-14}$$

$$\text{Trypsin Aprotinin} \xrightarrow{3{,}6 \cdot 10^{-6}\ \text{min}^{-1}} \text{Trypsin} + \text{Aprotinin}$$

$$t_{1/2} = \frac{0{,}693}{3{,}6 \cdot 10^{-6}} = 200.000 \text{ min} = 138 \text{ Tage}$$

Abb. 13.14. Der Proteasehemmer Aprotinin (Trasylol) hemmt die Protease Trypsin reversibel. Die Reaktionskonstante der Dissoziation ist so gering, daß die Hemmung irreversibel erscheint: Man spricht von pseudoirreversibler Hemmung

In klinischer Hinsicht interessant geworden sind Hemmstoffe der für die intestinale Verdauung wichtigen α-Glucosidasen. Schon 1933 hatte man aus Getreidekörnern, später dann aus Bohnen Amylasehemmstoffe von Proteincharakter isolieren können. Seit etwa 1970 wurden bei systematischen Untersuchungen von Mikroorganismen zahlreiche Glucosidasehemmstoffe gefunden. Neben irreversibel wirkenden Polypeptiden wurden vor allem Hemmstoffe vom Mono- oder Oligosaccharidtyp entdeckt. Aus Streptomyceten isolierte man 1966 Nojirimycin und später mehrere Trestatine, aus Actinomyceten eine Serie von pseudooligosaccharidischen Homologen, unter diesen die Acarbose (Abb. 13.15 B).

In vivo hemmt Acarbose die intestinale Verdauung sowohl von Saccharose wie von Stärke.

Zahlreichen mikrobiellen α-Glucosidase-Inhibitoren gemeinsam ist das in Abb. 13.15 A gezeigte Zentralmolekül aus ungesättigtem Cyclitol und einer 4-Amino-4,6-didesoxyglucose. An dieses Pseudodisaccharid angelagert finden sich in 1- bzw. 4-Stellung glycosidisch gebunden weitere Glucoseeinheiten. Die Serie der so gebildeten Pseudooligosaccharide hemmt Disaccharidasen (Maltase, Saccharase), Dextrinase, Glucoamylase und α-Amylase, wobei sich Zusammenhänge zwischen der Hemmspezifität und der Inhibitorstruktur erkennen lassen.

Die einem Monosaccharid vergleichbaren Strukturen des Antibiotikums Norijimycin und des 1-Desoxynorijimycin (Abb. 13.15 C), letzteres ursprünglich aus Bazillen isoliert, neuerdings aber auch synthetisch erhalten, erwiesen sich ebenfalls als wirksame Hemmstoffe für zahlreiche Disaccharidasen und Glucoamylase; die Pancreasamylase wird von diesen Hemmstoffen nicht erfaßt.

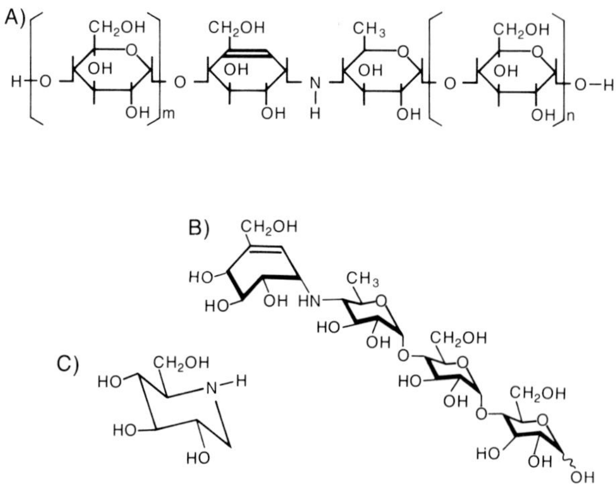

A) allgemeine Hemmstoff-Formel
B) Acarbose
C) 1-Desoxynojirimycin

Abb. 13.15. α-Glucosidase-Hemmer

14 Proteasen und Proteasehemmer

Proteolytische Enzyme nehmen im pathophysiologischen und pathobiochemischen Geschehen bei vielen wichtigen Erkrankungen eine zentrale Rolle ein. Von besonderer Bedeutung sind hierbei u. a. die Verdauungsproteasen für die Gastroenterologie, intrazelluläre lysosomale Proteasen für Phagozytose, Zellmauserung, Nekrosen u. a. und die plasmatischen Proteasen für Hämostase, Kininsystem, Schock, Oedeme usw (Tabelle 14.1). Die pathobiochemische Sonderstellung proteolytischer Enzyme resultiert daraus, daß diese prinzipiell auch körpereigene, gesunde, funktionell wichtige Proteinstrukturen angreifen und so autoaggressiv wirken können.

Tabelle 14.1. Proteasen und proteolytische Enzymsysteme – Funktion und Dysfunktion

Funktion	Gefahren
Verdauungs**proteasen**	Ulzera Pankreasnekrosen Schock
Intrazelluläre **Proteasen** Phagozytose	Zellzerstörung Nekrosen
Gerinnungsproteasen Hämostase	Thrombose – Embolie
Fibrinolyseproteasen Rekanalisierung – Heilung	 Hämorrhagie
Kallikrein-Kinin-System Entzündung – Heilung Schmerz – Ruhigstellung	Schock Gewebezerstörung Ödeme, Parotitis

Diesen Gefährdungen wird dadurch vorgebeugt, daß viele Proteasen als inaktive Vorstufen (Zymogene) synthetisiert werden, die dann erst am Ort und zur Zeit ihrer nötigen Wirkung aktiviert werden. Ein zweiter, ebenso wichtiger Schutzmechanismus besteht darin, daß mehr oder minder spezifische Hemmstoffe für die aktiven Proteasen gebildet werden (Tabelle 14.2). In vielen Fällen, z. B. bei der Gerinnung und bei der Fibrinolyse, kommen beide Schutzmechanismen gleichzeitig nebeneinander vor (Tabelle 14.3).

Tabelle 14.2. Zwei Prinzipien, die zum Schutz vor Schäden durch körpereigene Proteasen angewendet werden

1. Synthese inaktiver Vorstufen, die erst bei Bedarf und lokal aktiviert werden
2. Synthese körpereigener Hemmstoffe für aktive Proteasen

Tabelle 14.3. Gefährliche Proteasen werden erst bei Bedarf durch limitierte Proteolyse aktiviert

Funktion	Zymogen	Aktives Enzym
Verdauung	Pepsinogen	Pepsin
	Trypsinogen	Trypsin
	Chymotrypsinogen	Chymotrypsin
Gerinnung	Prothrombin	Thrombin
	u. a. Faktoren	
Fibrinolyse	Plasminogen	Plasmin
Entzündung	Präkallikrein	Kallikrein

Die bei der ribosomalen Proteinbiosynthese gebildeten Zymogene bestehen normalerweise aus einer sozusagen überlangen Peptidkette, die dabei eine Konformation einnimmt, in der das aktive Zentrum für das Substrat nicht zugängig ist. Durch begrenzte Proteolyse durch andere Proteasen werden dann die hinderlichen Peptidsequenzen ab- oder herausgeschnitten, und das Enzym nimmt seine nunmehr aktive, native Konformation ein. Proteasen bei der Verdauung, bei der Hämostase und im Entzündungsgeschehen werden in dieser Weise aktiviert.

Körpereigene natürliche Inhibitoren gibt es offenbar für alle wirksamen proteolytischen Enzyme. Bei diesen Proteaseinhibitoren handelt es sich um Eiweiße, die an die aktiven Zentren angelagert werden, aber nicht oder nur extrem langsam gespalten werden können (Tabelle 14.4). Die Bezeichnungen Antitrypsin, Antiplasmin u. a. sind meist nicht ganz korrekt, da die Mehrzahl dieser Inhibitoren meist mehrere verwandte Proteasen hemmt.

Tabelle 14.4. Für alle aktiven Proteasen werden körpereigene Inhibitoren synthetisiert

Enzym	Hemmer
Trypsin	α_1-Proteinaseinhibitor (= α_1-Antitrypsin) α_2-Makroglobulin
Thrombin	Antithrombin III
Plasmin	Antiplasmin
Kallikreine	Aprotinin
PMN-Elastase	Aprotinin

In vielen Organismen, Säugetieren, niederen Tieren, Pflanzen, Mikroorganismen kommen Proteaseinhibitoren vor. Neben dem Schutz vor Selbstverdauung dienen sie auch dem Schutz vor Feinden, z. B. die Proteaseinhibitoren in Pflanzen (als Fraßgifte) als Schutz vor Insektenfraß. Die einzelnen Inhibitoren können durch das Spektrum ihrer Wirksamkeit gegen verschiedene Enzyme charakterisiert werden (Tabelle 14.5).

Tabelle 14.5 Proteaseinhibitoren verschiedener Herkunft unterscheiden sich durch ihre Spezifität

Proteaseinhibitor aus:	Hemmung von Trypsin	Plasmin	Kallikrein
Kolostralmilch	+	+	–
Hühnereiweiß	+	–	–
Ascaris lumbricoides	+	–	–
Sojabohnen	+	+	+
Rinderlunge (Aprotinin)	+	+	+

Von besonderem medizinischen Interesse sind die im Plasma vorkommenden Proteaseinhibitoren. Sie sind von größter Bedeutung für die Regulation sowohl der Gerinnung als auch der Fibrinolyse (Tabelle 14.6). Eine wesentliche Aufgabe der Gerinnungs- und Fibrinolyseinhibitoren im Blut besteht darin, aktivierte Faktoren, die den Ort einer Verletzung verlassen, sofort zu inaktivieren und so eine systemische Wirkung zu verhindern. Am Ort der Läsion müssen dann andererseits Konzentrationen der aktivierten Faktoren entstehen, daß die Kapazität der Inhibitoren erschöpft wird, die Inhibitoren praktisch übertitriert werden.

Tabelle 14.6. Proteaseinhibitoren sind im Plasma entscheidend beteiligt bei der Regulation des Gleichgewichts Gerinnung/Fibrinolyse

Inhibitor	Molekulargewicht	Konzentration (mg/l) im menschl. Plasma	Hemmung von
Antithrombin III	58000	300	Thrombin, VIIa, IXa, Xa, XIa, XIIa, XIIa-Fragment, Kallikrein, Plasmin
α_2-Makroglobulin	725000	2700	Thrombin, Kallikrein, Plasmin
α_1-Proteaseinhibitor	55000	2600	Thrombin, XIa, Kallikrein, Plasmin
α_2-Plasmininhibitor	67000	70	Plasmin, Thrombin, XIIa, Kallikrein
Plasminogenaktivator, -inhibitor	75000	2	Plasminogenaktivator, XIIa, XIIa-Fragment

Neben den Plasmainhibitorproteinen der Gerinnung und der Fibrinolyse sind zwei Inhibitoren des Komplementsystems im Blut nachweisbar (Tabelle 14.7). Die Bestimmung des C_1-Inaktivatorproteins ist von großer Bedeutung für die Diagnostik der verschiedenen Formen des hereditären angioneurotischen Ödems.

Tabelle 14.7. Auch das Komplementsystem wird im Plasma durch Proteaseinhibitoren kontrolliert

Komplementinhibitor	Molgewicht	Plasmakonzentration (mg/dl)
C1 – INH	110 000	18
Komplementinhibitor I	88 000	3

Biochemisch am besten untersucht ist der Proteasehemmer Aprotinin (Trasylol). Aprotinin kommt in hoher Konzentration in Rinderorganen vor. Es ist aus 58 Aminosäuren aufgebaut und hat ein Molekulargewicht von 6 512. Aminosäuresequenz und Raumstruktur des Aprotinins sind aufgeklärt (Abb. 14.1).

Aprotinin hat eine große Affinität zu verschiedenen Proteasen – die Hemmkonstanten variieren von 10^{-8} bis 10^{-14} mol · l^{-1} (Tabelle 14.8). Wegen der besonders hohen Affinität des Aprotinins zum Trypsin nahm man zunächst an, daß die therapeutischen Effekte dieses Hemmstoffs bei der akuten Pankreatitis auf der Hemmung des Trypsins beruhten und sozusagen einer Selbstverdauung des Organs entgegenwirkten.

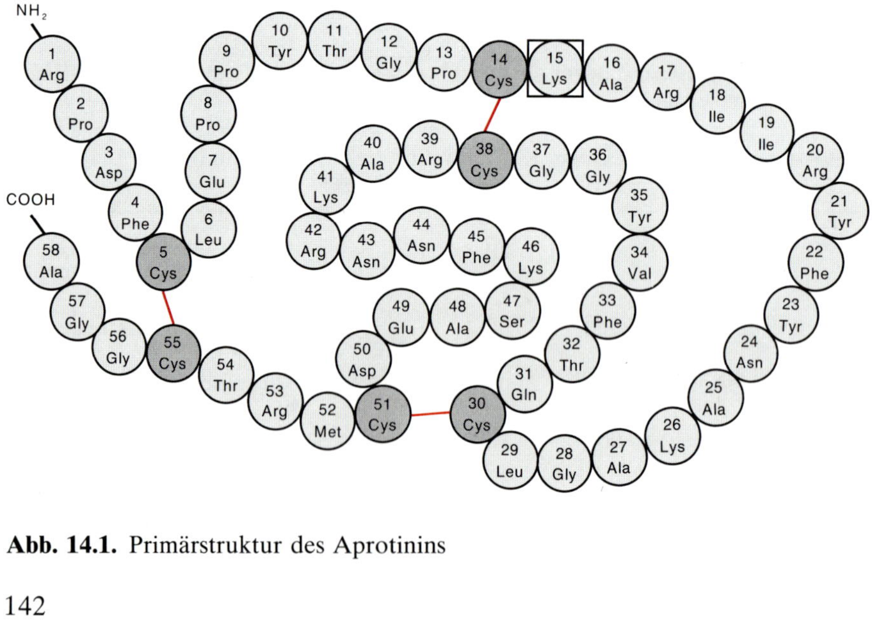

Abb. 14.1. Primärstruktur des Aprotinins

Tabelle 14.8. Aprotinin hemmt verschiedene Proteasen unterschiedlich stark

Protease	Hemmkonstante K_i
Trypsin (Rind)	$6 \cdot 10^{-14}$
(Mensch)	$1 \cdot 10^{-8}$
Chymotrypsin (Rind)	$7 \cdot 10^{-9}$
Plasmin	$5 \cdot 10^{-9}$
Plasma-Kallikrein (Mensch)	$3 \cdot 10^{-8}$
Gewebe-Kallikrein (Mensch)	$1 \cdot 10^{-10}$

Man fand dann, daß dem Trypsin im pathophysiologischen Geschehen bei der Pankreatitits keine bedeutende Rolle zukommt, sondern daß vorwiegend das Kallikrein-Kinin-System entscheidend ist. Hier ist auch der Angriffspunkt des Aprotinins zu suchen, das über eine Hemmung des Kallikreins einer Entgleisung der vier proteolytischen Enzymkaskaden im Blut entgegenwirkt (Abb. 14.2).

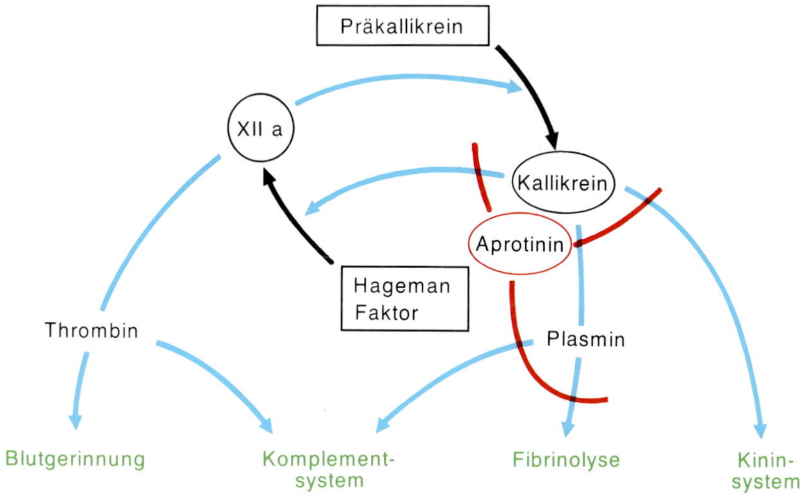

Abb. 14.2. Aprotinin hemmt die 4 funktionell verknüpften Proteasekaskaden im Blutplasma direkt und indirekt

Neben der therapeutischen Verwendung spielt Aprotinin eine große Rolle bei der Isolierung und Reinigung von Proteinen: einmal zur Hemmung von Proteasen, die zur Zerstörung der Proteine führen, zum anderen, indem durch kovalent-immobilisiertes Aprotinin in der Affinitätschromatographie bestimmte Proteasen selektiv gebunden werden können. Auch bei der immer wichtiger werdenden Züchtung bestimmter Zellen in Gewebekulturen wird Aprotinin zum Schutz der einzelnen Zellen vor extrazellulären Proteasen eingesetzt. Aprotinin wird häufig Blutproben zugesetzt, um empfindliche Substrate vor dem Abbau durch Proteasen zu schützen (Tabelle 14.9).

Tabelle 14.9. Aprotinin wird auch in der experimentellen Medizin und bei der Isolierung von Proteinen angewandt

Anwendung	Prinzip
Affinitätschromatographie von Proteasen	Bindung von Proteasen an kovalentes immobilisiertes Aprotinin
Zellkultur	Schutz der Zellen vor Proteolyse
Proteinreinigung	Hemmung von Proteasen
Peptidanalytik (Probenstabilisierung)	Proteasehemmung

In der klinisch-experimentellen Forschung und in der Therapie hat sich Aprotinin insbesondere beim Schock, im Gerinnungsgeschehen und bei Wundheilungsvorgängen als wirksam erwiesen. Neben dem Hauptangriffspunkt (Kallikreinhemmung) sind dabei möglicherweise auch andere Enzymhemmungen mitbeteiligt (Tabelle 14.10).

Tabelle 14.10. Therapie und Prophylaxe mit Aprotinin

1. Hyperfibrinolytische Blutungen
2. Prophylaxe und Frühtherapie von Schockzuständen
3. Akute Pankreatitis
4. Verhinderung von Wundheilungsstörungen
5. Prophylaxe posttraumatischer Ödeme

15 Pathophysiologische Bedeutung von Enzymen und Enzyminhibitoren

Im Stoffwechsel einer Zelle, ob im Anabolismus (Biosynthesen) oder im Katabolismus (energieliefernder Abbau), werden praktisch alle Reaktionen durch Enzyme katalysiert. Letztlich ist damit jede Zellfunktion von Enzymaktivitäten abhängig und bei jeder Krankheit, definiert als Funktionsstörung oder als Einschränkung der Anpassungsbreite, sind damit direkt oder indirekt Enzyme beteiligt.

Enzymkrankheiten (Dysfunktion einzelner Enzyme) können angeboren oder erworben sein (Abb. 15.1). Die angeborenen Enzymkrankheiten (im engeren Sinne die von Garrod erstmals beschriebenen „inborn errors of metabolism") entstehen durch Mutationen. Diese Mutationen können die Strukturgene betreffen; es wird dann ein Enzymprotein mit veränderter oder mit herabgesetzter Aktivität oder eines mit gänzlich fehlender enzymatischer Aktivität gebildet. Angeboren kann aber auch eine Enzymkrankheit sein, die durch eine Mutation im sogenannten Regulatorgen bedingt ist. Hierbei wird das an sich gesunde Strukturgen vermindert oder gar nicht für die Proteinbiosynthese „abgelesen", so wird sehr wenig oder nichts von dem sonst normal aktiven Enzymprotein gebildet.

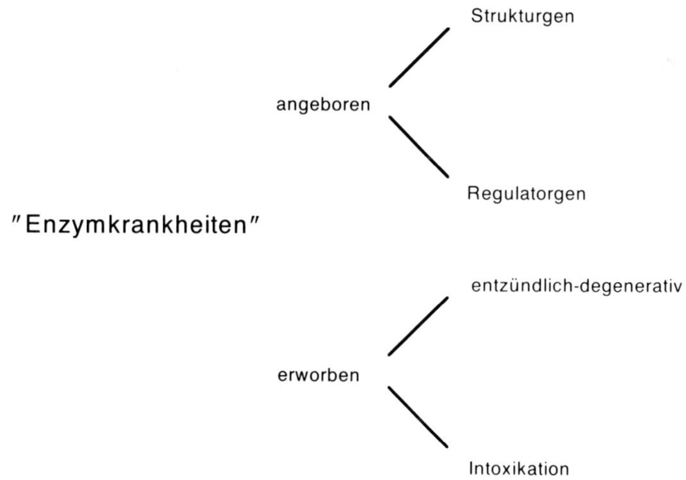

Abb. 15.1. Veränderte Enzymaktivitäten können angeboren oder erworben sein

Die erworbenen Enzymkrankheiten entstehen einmal entzündlich degenerativ, indem geschädigte Zellen Proteine generell oder speziell einzelne Enzyme vermindert synthetisieren. Auch viele Gifte können entweder Zellen schädigen oder aber einzelne Enzyme hemmen. In einigen Fällen können auch gesteigerte Enzymaktivitäten zu schweren lebensbedrohlichen Erkrankungen führen.

Besonders auffällig ist dies bei den Enzymkaskaden, die an der Blutstillung beteiligt sind (Tabelle 15.1). Überschießende Aktivierung oder mangelnde Inhibitorkonzentrationen sowie eine herabgesetzte Fibrinolyse können zu Thrombose und Embolie führen, umgekehrt kann Mangel an Gerinnungsfaktoren oder gesteigerte Fibrinolyse zu einer generalisierten Blutungsneigung (Hämorrhagie) führen.

Tabelle 15.1. Störungen der Hämostase

Erkrankung	Mögliche Ursachen
Thrombose/Embolie	Überschießende Aktivierung der Gerinnung im Intrinsic- oder Extrinsic-System Antithrombinmangel, verstärkte Thrombozytenaktivierung Herabgesetzte intravasale oder gewebeständige Fibrinolyse
Hämorrhagie	Mangel an Gerinnungsfaktoren Überschießende Fibrinolyse Störungen der Thrombozyten Störungen der Gefäßfunktion

Werden das plasmatische Gerinnungssystem und das fibrinolytische System als zwei gegensätzlich wirkende Enzymkaskaden in einem Waagesystem dargestellt, so lassen sich die drei Zustände der ausbalancierten Hämostase und die Dysfunktionen Thrombose und Hämorrhagie besser verstehen (Abb. 15.2).

Im Bereich des Gastrointestinaltrakts kommen bei den Verdauungsenzymen und bei enzymatischen Transportsystemen für die Resorption verschiedene erworbene und besonders im Bereich der Transportsysteme auch angeborene Defekte vor. Als Maldigestion werden unzureichende Aktivitäten der hydrolytischen Verdauungsenzyme – Peptidasen, Esterasen und Glykosidasen – bezeichnet. Die hochmolekularen Nahrungsstoffe – Proteine, Lipide und Kohlenhydrate – werden nicht mehr hydrolytisch gespalten und erscheinen unverdaut im Stuhl (Tabelle 15.2).

Bei der Malabsorption sind die meist im oberen Dünndarm lokalisierten membranständigen enzymatischen Transportsysteme – angeboren oder erworben durch Schleimhautdegeneration – nicht funktionsfähig; die weitgehend gespaltenen Nahrungsbestandteile können nicht ausreichend resorbiert werden.

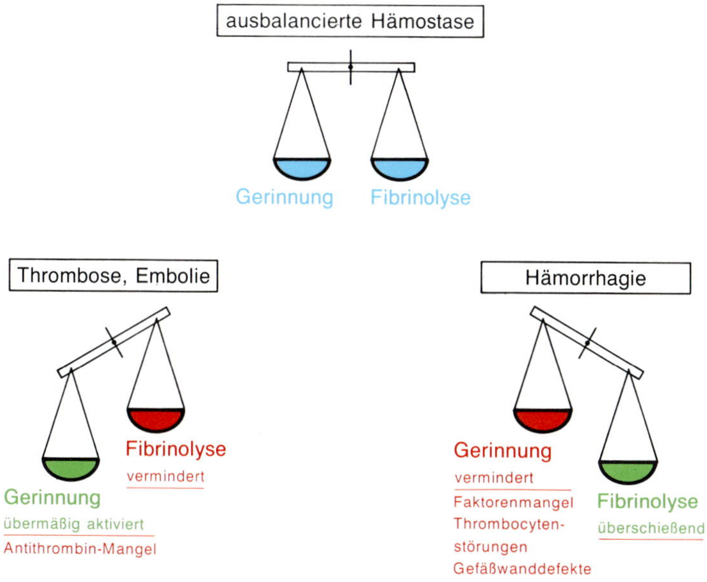

Abb. 15.2. Das hämostatische System wird ausbalanciert durch gegensätzlich wirkende Enzymkaskaden

Tabelle 15.2. Im Verdauungssystem können Enzymfunktionsstörungen zu Maldigestion und Malabsorption führen

Organ	Funktionsstörungen
Magen	Mangelnde HCl-Sekretion Pepsinmangel
Leber	Störung der Gallesekretion → herabgesetzte Lipaseaktivität → Steatorrhoe
Pankreas	Chronische Pankreatitis → herabgesetzte Fett-, Kohlenhydrat- und Proteinverdauung
Dünndarm	Gestörte Transportsysteme → Malabsorption von Aminosäuren oder Zuckern

Einen interessanten Aspekt der möglichen Folgen eines Enzymmangels bietet die Plasma-Butyrylcholinesterase (E. C. 3.1.1.8) (Abb. 15.3). Dieses Enzym

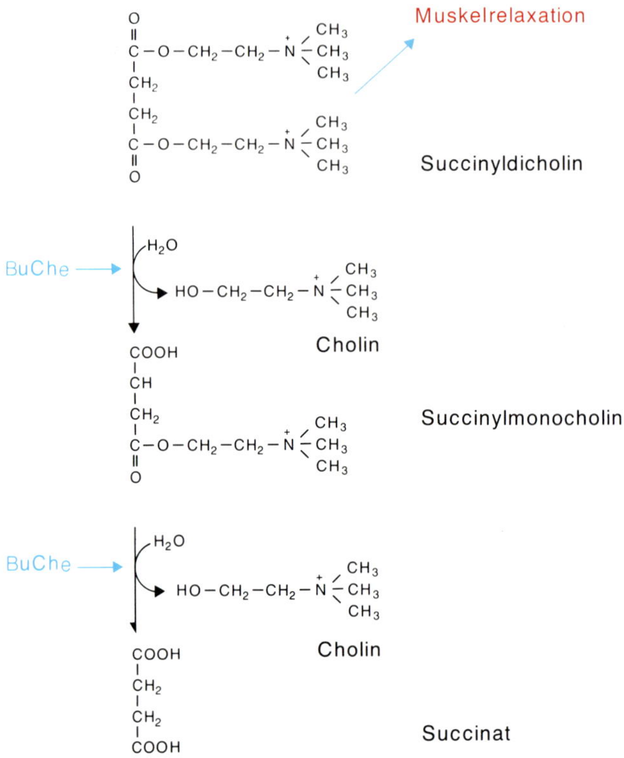

Abb. 15.3. Das synthetische Muskelrelaxans Succinyldicholin wird durch die Butyrylcholinesterase im Plasma abgebaut. Fehlen dieses Enzyms kann zu schweren Narkosezwischenfällen führen.

kommt im Plasma in einer hohen Aktivität vor, ca. 2000 – 7000 U/l, es wird in der Leber gebildet und ins Plasma abgegeben. Die physiologische Funktion dieses Enzyms ist bislang nicht bekannt: Vollständiges Fehlen dieser Aktivität durch irreversible Hemmung mit Organophosphaten, herabgesetzte Aktivitäten bei Lebererkrankungen oder angeborene Störungen führen zu keinerlei Symptomen. In das Interesse der Kliniker rückte die Butyrylcholinesterase, als bei Patienten mit einer genetischen Variante dieses Enzyms in der Anästhesie bei Verwendung von Muskelrelaxantien vom Succinyldicholintyp Narkosezwischenfälle mit extrem verlängerter Apnoe eintraten. Dies zeigt, daß ein Enzym „ohne bekannte" Funktion plötzlich unter Belastung mit einer synthetischen, in der Natur nicht vorkommenden Substanz eine wichtige Bedeutung für deren Inaktivierung bekommen kann. Für die Behandlung derartiger Narkosezwischenfälle durch atypische Butyrylcholinesterasen steht heute ein hochangereichertes konzentriertes menschliches Plasma-Butyrylcholinesterasepräparat zur Verfügung.

Unter den Säugetieren haben Menschen und Menschenaffen einen speziesspezifischen angeborenen Enzymdefekt: ihnen fehlt das Enzym Urikase. Dadurch ist bei den Hominiden nicht das gut wasserlösliche Allantoin das Ausscheidungsprodukt des Purinstoffwechsels, sondern die schwerlösliche Harnsäure. Harnsäure kommt im Plasma schon normalerweise in Konzentrationen vor, die an der Löslichkeitsgrenze liegen, vermehrte Zufuhr mit der Nahrung (Fleisch, Leber, Bries), eingeschränkte Nierenfunktion oder Herabsetzung der Löslichkeit bei Acidose führen zu Ablagerungen von Harnsäure in die Gelenke (Arthritis urica), einer Gichtnephropathie und zu anderen Störungen (Abb. 15.4).

2-4% der Bevölkerung haben zu hohe Harnsäurewerte:

Hyperurikämie

primäre Gicht
- durch gesteigerte Purinsynthese (25%)
- durch verminderte Harnsäureausscheidung der Niere (75%)

sekundäre Gicht
- als Begleitsymptom anderer Krankheiten

Überproduktion:	Ausscheidungsstörung:
Leukämie	diabetische Acidose
hämolytische Anämie	Hungeracidose
	Alkoholismus
	Bleivergiftung
	chron. Nierenerkrankung

Abb. 15.4. Hyperurikämie kann durch vermehrte Synthese oder durch verminderte Ausscheidung der Harnsäure bedingt sein

Kenntnisse über Enzymdefekte bei schweren angeborenen Stoffwechselstörungen und verbesserte Enzymanalytik machen es vielfach möglich, aus durch Amniozentese gewonnenem Fruchtwasser fetale Zellen zu isolieren und deren Enzymaktivitäten zu bestimmen. So können in frühen Stadien der Schwangerschaft bereits beim Embryo schwere Enzymdefekte diagnostiziert werden (Tabelle 15.3).

Tabelle 15.3. Ein großer Teil der „inborn errors of metabolism" kann schon vor der Geburt durch Enzymbestimmungen in fetalen Zellen diagnostiziert werden

Krankheit	Enzymmangel
Adrenogenitales Syndrom	Steroidhydroxylasen
Hyperurikämie (Lesch-Nyhan-Syndrom)	Hypoxanthin-Guanin-Phosphoribosyltransferase
Galaktosämie	Galaktose-1-phosphat-Uridyltransferase oder Galaktokinase
Glykogenose Typ II	Lysosomale Amyloglykosidase
Metachromatische Leukodystrophie	Arylsulfatase
Niemann-Pick-Krankheit	Sphingomyelinase

Beim Menschen sind etwa 3000 verschiedene Erbkrankheiten bekannt. Es handelt sich ausnahmslos um Gendefekte, die zu defekten Proteinen führen; betroffen sind Strukturproteine, Transportproteine oder Enzymproteine. Unter den angeborenen Enzymdefekten kommen die meisten im Aminosäurestoffwechsel vor (Tabelle 15.4).

Tabelle 15.4. Enzymdefekte kommen beim Menschen in verschiedenen Stoffwechselwegen vor

Stoffwechselgebiet	Zahl der nachgewiesenen „inborn errors" von Enzymen
Aminosäuren, Proteine	31
Kohlenhydrate	26
Lipide	7
Hormonsynthesen	7
Porphyrine	4
Mukopolysaccharide	10
Purine	2

Vielfältig ist die Beteiligung verschiedener Enzyme und Enzymsysteme bei erworbenen Krankheiten, insbesondere im pathophysiologischen Geschehen bei der Auseinandersetzung mit Krankheitserregern.

Von besonderem Interesse sind die Vorgänge, die sich bei der Phagozytose und bei der Vernichtung phagozytierten Materials abspielen. Es zeigte sich, daß hierbei äußerst reaktive, aggressive Superoxidradikale beteiligt sind, die unter Umständen, überschießend gebildet, auch zu Schädigungen führen können (Abb. 15.5).

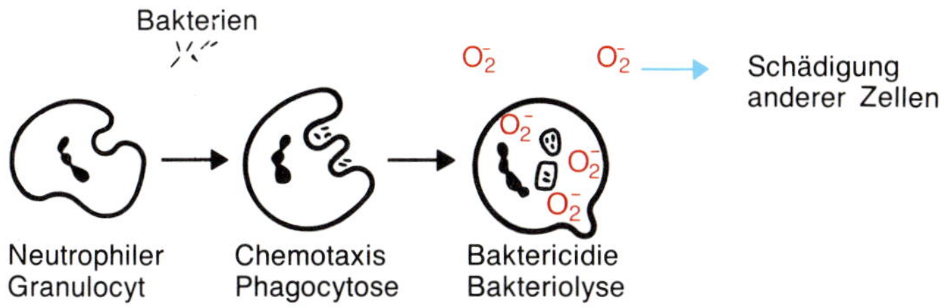

Abb. 15.5. Superoxidradikale entstehen intrazellulär bei vielen Redoxreaktionen. Bei der Phagozytose überschießend gebildet, können sie nach außen gelangen und zu einer Schädigung des umgebenden Gewebes führen

Intrazellulär werden die Superoxidradikale durch die Superoxiddismutase entschärft; es entstehen O_2 und H_2O_2, das durch Katalase zu O_2 und H_2O weiter abgebaut wird (Abb. 15.6). Derzeit wird klinisch versucht, durch hoch angereicherte Superoxiddismutase-Injektionen eine hohe extrazelluläre Konzentration dieses Enzyms in entzündeten Geweben herzustellen und damit unerwünschte Entzündungsfolgen in gesunden Gewebebezirken zu verhindern.

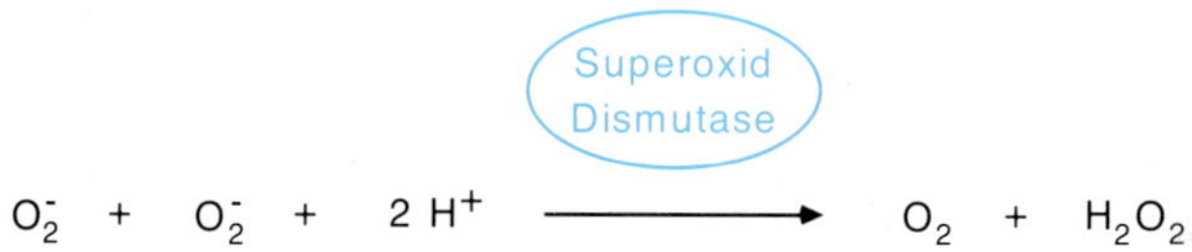

Abb. 15.6. Die aggressiven Superoxidradikale (O_2^-) werden durch die Superoxid-Dismutase (E. C. 1.15.1.1) entgiftet

16 Therapie mit Enzymen, Aktivatoren und Hemmstoffen

Bereits verschiedentlich ist in Abschnitten dieser Darstellung auf die therapeutische Bedeutung von Enzymen hingewiesen worden.

Die Ziele des therapeutischen Einsatzes von Enzymen können durchaus verschieden sein (Tabelle 16.1). Die Substitution bei Defekten ist praktisch nur bei extrazellulär wirkenden Enzymen möglich; Verdauungsenzyme, die plasmatische Gerinnung und Fibrinolyse sowie die Substitution der atypischen Cholinesterase sind hier bekannte Beispiele. In Belastungssituationen kann eine Enzymsubstitution durchgeführt werden; Gerinnung und Fibrinolyse sind auch hier klinisch wichtige Beispiele. Auf die Superoxiddismutase und die Cholinesterase wurde schon eingegangen. Lysozym als antibakteriell wirksames Enzym spaltet hydrolytisch das Mureingerüst von Bakterienzellwänden; es wird therapeutisch lokal bei Tonsillitis und Pharyngitis eingesetzt.

Tabelle 16.1. Prinzipien der Enzymtherapie

1. Substitution bei Defekten
   - Verdauung
   - Gerinnungsfaktoren
   - Cholinesterasen
2. Unterstützung in bestimmten Belastungssituationen
   - Gerinnungsfaktoren
   - Cholinesterasen
   - Superoxiddismutase
   - Lysozym
   - Streptokinase
   - Hyaluronidase
   - Proteasen
   - Lipasen
3. Schaffung von Stoffwechselalternativen
   - Penicillinase
   - Asparaginase
   - Dextranase
   - Urease
   - Urikase

Hyaluronidase kann zur Beschleunigung der Resorption von Ergüssen angewandt werden, auch zur Verbesserung der Arzneimittelresorption usw.

Kallikrein wird bei Fertilitätsstörungen zur Steigerung der Spermienmotilität eingesetzt.

Bei Entzündungen, thrombophlebitischen Störungen und bei Durchblutungsstörungen werden Kombinationen aus Proteasen, Glykosidasen und Lipasen verwendet. Die Applikation erfolgt per os; inwieweit sich hierbei tatsächlich wirksame Enzymaktivitäten am gewünschten Ort erzielen lassen, ist noch umstritten. Besonders interessant ist die Möglichkeit, durch Enzyme, die im Organismus physiologischerweise nicht vorkommen, Stoffwechselalternativen zu eröffnen. Penicillinase – von resistenten Bakterien zur Inaktivierung des Penicillins gebildet – kann in gereinigter angereicherter Form in akuten Fällen einer Penicillinallergie gegeben werden, es zerstört über die Hydrolyse des β-Lactamrings die Antigenität des Penicillins. Asparaginase ist verabreicht worden, um bei bestimmten Tumoren einen Mangel der Aminosäure Asparagin zu bewirken: Normale Zellen können Asparagin für ihre Proteinbiosynthese selbst synthetisieren. Einigen Tumoren, z.B. bestimmten Leukämiezellen, fehlt aber diese Fähigkeit; sie sind für ihr Wachstum auf eine Zulieferung von Asparagin über den Blutweg angewiesen. Injektionen von Asparaginase hydrolysieren das im Blut vorhandene Asparagin und führen somit zu einem Mangel an dieser für die Tumorzellen essentiellen Aminosäure.

Dextranase aus bestimmten Pilzarten kann zur Kariesprophylaxe dienen, um das Polysaccharid Dextran in der kariogenen Plaque abzubauen.

Urease wird versuchsweise in der Konstruktion von Systemen zur Harnstoffausscheidung bei Nierenversagen eingesetzt. Im Prinzip wird dabei das freigesetzte Ammoniak am Ionenaustauscher gebunden und ausgeschieden.

Auch Urikase, eingesetzt zur Umwandlung der schwerlöslichen Harnsäure in Allantoin, könnte einmal zur Behandlung von Gicht bzw. Hyperurikämie benutzt werden.

Generelles Problem des Enzymeinsatzes zur Schaffung von alternativen Stoffwechselwegen ist die mangelnde Stabilität der Enzyme bzw. deren Antigenität und die Schwierigkeit, sie in genügend hoher Aktivität an den Ort ihrer gewünschten Wirkung zu bringen.

Gut in der klinischen Routine etabliert ist die therapeutische Anwendung von Enzyminhibitoren. So kann die Produktion der Harnsäure durch Allupurinol über eine Hemmung der Xanthinoxidase herabgesetzt werden; ausgeschieden werden dann die besser wasserlöslichen Harnsäurevorstufen Hypoxanthin und Xanthin. Daneben scheint Allopurinol aber auch noch eine hemmende Wirkung auf die Synthese der Purine zu haben (Abb. 16.1).

Auf die Tatsache, daß viele empirisch gefundene Arzneimittel ihre Wirksamkeit über eine Hemmung bestimmter Enzyme entfalten, ist an zahlreichen Beispielen in vorhergehenden Kapiteln bereits hingewiesen worden. Erinnert sei an die Aspirin-Wirkung, den Proteasehemmer Trasylol, an die Dicumarin-Wirkung u.a.

Für die menschliche intestinale Verdauung und Resorption sind zahlreiche

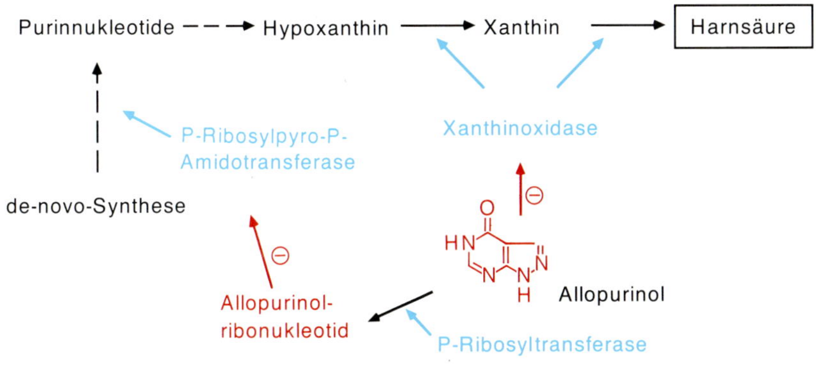

Abb. 16.1. Durch Enzymhemmung können krankhafte Stoffwechselentgleisungen reguliert werden. Allopurinol hat 2 Angriffspunkte bei der Behandlung der Hyperurikämie

α-Glucosidasen (α-Amylase, Glucoamylase, Saccharase, Maltase und Isomaltase) von essentieller Bedeutung, repräsentieren doch Kohlenhydrate im Durchschnitt etwa 2/3 der Nahrungsstoffe. Nach einem neuen Konzept können mit der Nahrung verabreichte Glucosidase-Hemmstoffe die postprandiale Hyperglykämie und Hyperinsulinämie unterdrücken, damit für Diabetiker insulinsparend wirken und evtl. für die Behandlung der Adipositas von Bedeutung sein. Hemmstoffe vom Typus der Acarbose (vgl. Abb. 13.15) sind derzeit mit großem Erfolg in klinischer Erprobung.

Neben der Behandlung von Diabetes und Adipositas hat eine Gabe von Acarbose zusammen mit Nahrungskohlenhydraten offensichtlich eine anticariogene Wirkung, da durch Acarbose auch die Dextran-Synthese und damit die Plaque-Bildung durch orale Mikroorganismen gehemmt wird.

Noch im Stadium experimenteller Forschung befindet sich die kausale Therapie von angeborenen Stoffwechselstörungen durch Übertragung gesunder Gene. Dargestellt ist die Übertragung von gesunden Genen in Knochenmarkstammzellen (Abb. 16.2). Prinzipiell möglich ist eine derartige Übertragung auch in Keimzellen (germ line transplantation). Probleme bestehen vorwiegend in der auf Dauer unzureichenden Genexpression nach erfolgreicher Inkorporation.

Nachdem die Methoden der Immobilisierung von Enzymen durch verschiedene Verfahren zu einem erfolgreichen Einsatz in der Biotechnologie für präparative Zwecke und zu einer Verwendung in der Analytik geführt haben, ist in Zukunft zu erwarten, daß immobilisierte Enzyme zur Konstruktion künstlicher Organe verwendet werden. Mikrokapseln, quasi als künstliche Zellen, könnten mit den entsprechenden Enzymen Entgiftungsfunktionen übernehmen, trägergebundene oder vernetzte Enzyme könnten in künstlichen Nieren und Lebern Verwendung finden (Abb. 16.3).

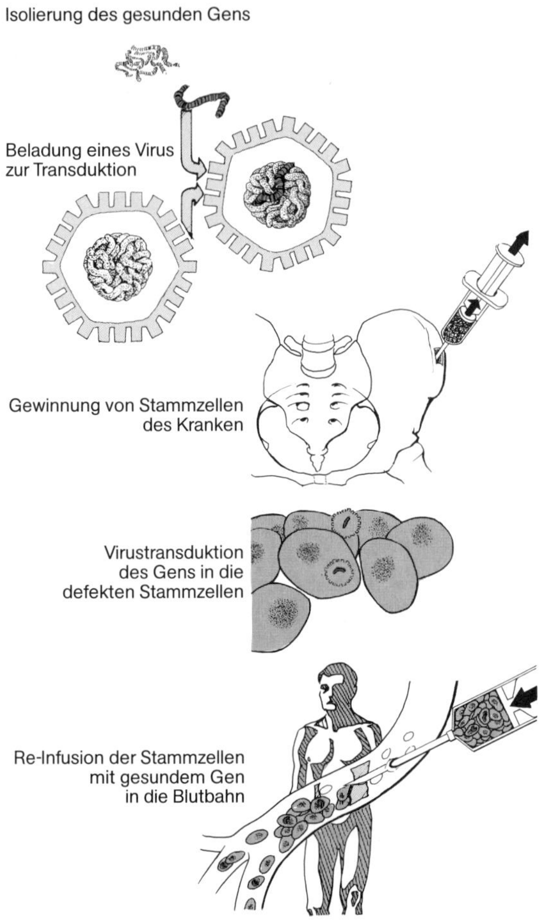

Abb. 16.2. Strategie einer kausalen Therapie von „inborn errors of metabolism" durch Genchirurgie

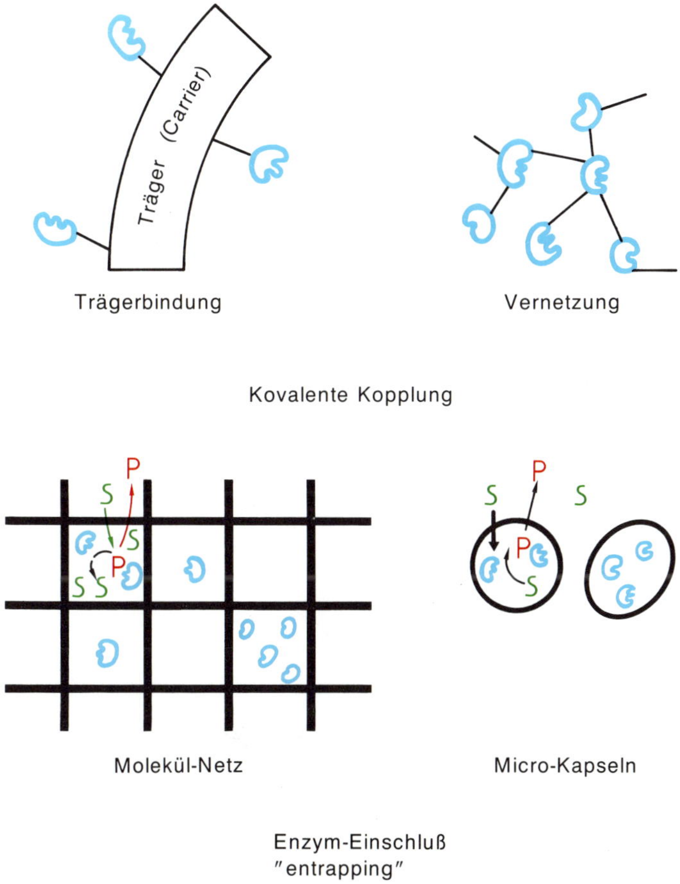

Abb. 16.3. Möglichkeiten der Enzymimmobilisation

Glossar

Affinitätschromatographie

Ist ein modernes Verfahren der Enzymanreicherung, häufig eingesetzt bei Coenzym-abhängigen Enzymen. Das Coenzym (oder ein Coenzymanalogon) wird kovalent an eine unlösliche Matrix, z. B. Agarose, gebunden und dieses Material in eine Chromatographiesäule gefüllt. Ist z. B. Adenosin-2',5'-diphosphat der säulengebundene Ligand, so kann man ein Gemisch vieler hundert Proteine, z. B. Serum, über diese Säule laufen lassen: nur $NADP^+$-abhängige Enzyme werden absorbiert, alle anderen Proteine lassen sich auswaschen. Die NADP-abhängigen Enzyme werden dann durch NADP-Zugabe fraktioniert freigesetzt.

Aktives Zentrum

Diejenige Stelle eines Enzymproteins, die das Substrat bindet. In manchen Fällen bildet sich eine kovalente Bindung zwischen Substrat und einer funktionellen Gruppe (z. B. –SH) am Enzym aus. Häufig sind mehrere Aminosäure-Seitenketten des Enzymproteins beteiligt.

Aktivierungsenergie

Energiemenge, die in Form von Wärme oder chemischer Energie zugeführt werden muß, um eine dann spontan ablaufende Reaktion in Gang zu bringen. Katalysatoren, in der belebten Natur Enzyme, erniedrigen die Aktivierungsenergie und wirken damit als Reaktionsbeschleuniger.

Allosterie

Beeinflussung einer enzymatischen Reaktion durch Bindung von Effektoren, deren Struktur meist nicht der von Substrat oder Produkt ähnelt. Positive Effektoren fördern, negative hemmen den Reaktionsverlauf. Ihr Angriff erfolgt an einem „regulatorischen Zentrum“ am Enzym, das räumlich getrennt vom „katalytischen Zentrum“ vorliegt. Allosterisch regulierte Enzyme bestehen häufig aus mehreren Protein-Untereinheiten.

Ammoniumsulfatfällung

Klassische schonende Methode der Proteintrennung: Bei Zugabe von Ammonsulfat zu wäßrigen Proteinlösungen wird den Eiweißkörpern die Hydratationshülle entzogen: sie werden unlöslich (ohne Denaturierung!) und können abzentrifugiert oder abfiltriert werden. Halbsättigung mit Ammonsulfat fällt die Globuline, Vollsättigung (69 g Salz auf 100 ml) fällt die Albumine. Die ausgefällten Proteine sind in salzarmer Lösung wieder voll löslich.

Anabolismus

Eine Folge von körpersubstanzaufbauenden Stoffwechselreaktionen (Gegensatz: Katabolismus).

Anfangsgeschwindigkeit

v_o = die meist sehr hohe Reaktionsgeschwindigkeit unmittelbar nach dem Zusammentreffen von Enzym und Substrat, mit linearem Reaktionsverlauf (Reaktion nullter Ordnung). Häufig kommt es schon bald zu einer Abnahme der Reaktionsgeschwindigkeit, u. a. bedingt durch das Ansteigen von Produkt und die gleichzeitige Abnahme von Substrat.

Apoenzym

Ältere Bezeichnung für den nach Coenzymabtrennung verbleibenden Proteinanteil. Heute noch gebräuchlich: Apolipoprotein für den Eiweißanteil der Lipoproteine.

ATP

(Adenosintriphosphat) ein 1929 von Lohmann entdecktes Nukleotid, das den Hauptenergieträger des Stoffwechsels darstellt. Das aus Adenin und Ribose aufgebaute Adenosin trägt in 5'-Stellung eine Phosphorsäure in Esterbindung, an die durch Säureanhydridbindungen zwei weitere Phosphorsäuren gebunden sind. Diese energiereichen Säureanhydridbindungen werden unter Energiegewinn gespalten, meist ATP $\rightarrow$ ADP + P_i. In der Atmungskette und durch Substratphosphorylierung wird das ADP ständig rephosphoryliert. Der erwachsene Mensch synthetisiert täglich etwa 70 kg ATP, wobei der Gesamtbestand des Körpers nur etwa 10 bis 50 g ATP beträgt. Je nach Stoffwechselintensität wird der gesamte ATP-Bestand alle 5 bis 60 Sekunden einmal umgesetzt.

Feedback (Rückkopplung)

Meist „negative feedback"; zum Abschalten einer Synthesekette, wenn deren Endprodukt in ausreichender Menge vorhanden ist. Hierbei wird die Aktivität allosterischer Enzyme am Anfang der Synthesekette durch Effektoren reguliert.

E. C. (Enzyme Commission)

Eine 1961 gegründete internationale Kommission; hat alle bekannten Enzyme (heute etwa 2 500) nach ihrem Wirkungsmechanismus in 6 Klassen eingeteilt:

(1) Oxidoreduktasen
(2) Transferasen
(3) Hydrolasen
(4) Lyasen
(5) Isomerasen
(6) Ligasen.

Jedes Enzym wird nun mit einer aus vier Zahlen bestehenden E. C.-Nummer bezeichnet, z. B. E. C. 1.1.1.1 = Alkohol-NAD-Oxidoreduktase. Die erste Zahl bezieht sich auf die Enzymklasse, die zweite (Unterklasse) bezieht sich auf das Substrat (Alkohol), die dritte (Unter-Unterklasse) bezeichnet den Akzeptor, also das Coenzym. Die vierte Zahl schließlich ist die individuelle Seriennummer. Durch Angabe dieser E. C.-Nummern im Titel von wissenschaftlichen Arbeiten können Forscher oder Literaturdienste auch bei fremdsprachigen Publikationen sofort erkennen, um welches Enzym es sich handelt.

EIA („enzyme immuno assay")

In Analogie zum Radioimmunoassy (RIA) hochempfindliche Bestimmungsmethode für Hormone, Arzneimittel und Gifte im Mikrogramm ($1\ \mu g = 10^{-6}$ g) bis Picogrammbereich ($1\ pg = 10^{-12}$ g). Es handelt sich um Bindungstests, bei denen die Markierung der Substanzen durch Ankopplung eines stabilen Enzyms erfolgt; über die Enzymaktivität tritt ein Verstärkereffekt ein, ähnlich wie beim Einbau radioaktiver Substanzen über die Aussendung von Strahlen.

Endoproteasen

Spalten das Proteinsubstrat im Verlauf der Kette an mehreren Stellen; es entstehen mehrere Polypeptide. Beispiele: Pepsin, Chymotrypsin, Trypsin. Trypsin spaltet alle Peptidbindungen auf der Carboxylseite von Lysin- und Argininresten im Proteinsubstrat.

Coenzyme (Cosubstrate)

Unter Coenzymen versteht man organische Moleküle von Nicht-Protein-Charakter, die von Enzymen zur Durchführung ihrer katalytischen Wirkung benötigt werden (ATP, NAD u. a.). Durch Dialyse werden sie vom Protein entfernt. Kovalent am Enzymprotein gebundene Coenzyme, die durch Dialyse nicht entfernt werden können, bezeichnet man auch als prosthetische Gruppe (Beispiel: FAD). Da Coenzyme bei der Substratumwandlung stöchiometrisch 1:1 benötigt werden, bezeichnet man sie auch als Cosubstrate.

Cysteinprotease

Eiweißspaltendes Enzym, dessen aktives Zentrum die freie HS-Gruppe einer Cysteinseitenkette benötigt. Beispiel: Papain. Häufiger vorkommend sind Serinproteasen.

Denaturierung eines Enzyms

Die durch chemische oder physikalische Einwirkung bedingte Veränderung der Sekundär- und Tertiärstruktur eines Proteins. Die kettenförmige Verbindung der Aminosäuren durch die Peptidbindungen bleibt erhalten; eventuell kann durch „Renaturierung" die biologisch aktive Form des Proteins wieder erhalten werden. Aus praktischen Gründen werden daher die Denaturierungen in irreversible und reversible eingeteilt.

EDTA (Ethylendiamintetraacetat)

Eine stark saure Verbindung, die besonders zweiwertige Schwermetalle mit großer Affinität bindet und damit für viele Enzyme protektiv wirkt. Bei metallabhängigen Enzymen, z. B. Blutgerinnungsfaktoren, kann EDTA aber auch hemmend wirken.

Effektor (allosterischer)

Niedermolekularer Stoff, der die Aktivität eines allosterischen Enzyms steigert (positiver Effektor) oder hemmt (negativer Effektor). Die Bindung des Effektors erfolgt im „allosterischen Zentrum", das auch als regulatorisches Zentrum bezeichnet wird, und das vom „katalytischen Zentrum" räumlich getrennt ist. Häufig dient das Endprodukt einer langen Synthesekette (z. B. CTP) zur allosterischen Hemmung (negative Rückkopplung) der ersten Reaktion im betreffenden Syntheseweg, im Falle des CTP des Enzyms Aspartat-Transcarbamylase.

Enzym

Katalytisch wirksames Protein (Eiweiß). Etwa 2 500 verschiedene Enzyme bewirken alle Stoffwechselumsetzungen (Metabolismus) in der belebten Natur.

Enzymkaskade

Eine Folge von Enzymen, die sich auf ein äußeres Signal hin gegenseitig aktivieren. Beispiel: Glykogenolyse, Blutgerinnung. Bei der Glykogenolyse wird durch Adrenalin- oder Glukagonreiz cAMP enzymatisch gebildet, das wiederum eine Proteinkinase aktiviert, diese aktiviert eine Phosphorylasekinase und diese ihrerseits die Phosphorylase. Bei der Blutgerinnung spalten Proteasen inaktive Enzymvorstufen, diese wiederum setzen die nächsten Faktoren um usw. Durch Enzymkaskaden wird, auf ein diskretes Signal hin, über die nacheinander geschalteten enzymatischen Umsetzungen ein enormer Verstärkereffekt erreicht.

Enzym-Substrat-Komplex

Jedes Enzym tritt über sein aktives Zentrum mit dem Substrat in Verbindung: Es bildet sich der Enzym-Substrat-Komplex (ES), der mit freiem Enzym und Substrat, aber auch mit dem Produkt im Gleichgewicht steht.

Exoprotease

Ein Polypeptide spaltendes Enzym, das jeweils die endständige Peptidbindung am C-Terminus (Carboxypolypeptidase) oder N-Terminus (Aminopolypeptidase) hydrolysiert.

Ferment

Ältere Bezeichnung für Enzym. Ursprünglich für strukturgebundene, unlösliche Gärkräfte in Zellen verwendet, später synonym mit „Enzym“ gebraucht.

Fließgleichgewicht („steady state“)

Zustand einer Reaktionskette, bei der durch konstante Substratzufuhr und gleich große Produktentnahme die Konzentrationen der einzelnen Metaboliten konstant bleiben, obwohl eventuell große Durchsatzraten vorliegen. Man spricht auch von einem dynamischen Gleichgewicht.

Hemmung („inhibition")

Einschränkung der Enzymaktivität durch die Wirkung von Hemmstoffen. Die Hemmung kann reversibel oder irreversibel sein. Die reversible Hemmung kann nach dem Reaktionsmechanismus bzw. nach dem kinetischen Verhalten in kompetitive, nichtkompetitive und unkompetitive sowie in gemischte Typen unterschieden werden. Viele Arzneimittel und Gifte wirken über eine Hemmung von Enzymen. Die sogenannte allosterische Hemmung ist ein Regulationsphänomen, bei der Effektoren durch Anlagerung an das regulatorische Zentrum die Enzymaktivität verändern. Die eigentliche Enzymhemmung spielt sich immer im aktiven Zentrum, d. h. in der Substratbindungsstelle, ab. Bei der irreversiblen Hemmung werden Enzymmoleküle durch kovalente Bindung von Hemmstoffen (z. B. Quecksilberverbindungen, organische Phosphorsäureester) irreversibel blockiert.

Hilfsenzym

Dieser Begriff gehört zum „gekoppelten optischen Test". Solch ein Hilfsenzym ist nötig, wenn ein Enzym oder Substrat gemessen werden soll, das nicht direkt mit einem Pyridinnukleotid ($NADH_2$ oder $NADPH_2$) reagiert. Sollen z. B. Glucose, ATP oder Hexokinase bestimmt werden,

$$\text{Glucose} + \text{ATP} \xrightarrow{\text{Hexokinase}} \text{Glucose-6-P} + \text{ADP},$$

so gibt man Glucose-6-P-Dehydrogenase als Hilfsenzym dazu:

$$\text{Glucose-6-P} + \text{NADP} \xrightarrow{\text{G6PDH}} \text{6-P-Gluconsäure} + \text{NADPH}_2.$$

Die Zunahme von $NADPH_2$ ist als Meßgröße gut zu bestimmen.

„Induced fit"

Hierbei handelt es sich um eine von Koshland 1953 aufgestellte Theorie zur Substratspezifität der Enzyme. Emil Fischer hatte 50 Jahre zuvor die Wechselwirkung zwischen Enzym und Substrat mit „Schloß und Schlüssel" verglichen. Nach Koshlands Befunden ist das Enzymprotein nicht so starr wie ein Schloß. Seine Paßform wird erst durch Hinzutreten des Substrats voll ausgebildet. Man hat diese Beziehung verglichen mit „Hand und Handschuh": Der Handschuh muß hinsichtlich Größe und Stereospezifität – rechts oder links – gewisse Voraussetzungen erfüllen, seine wahre Form kann man aber erst erkennen, wenn die Hand (das Substrat) dazugekommen ist.

Induktion

Seit langem ist bei Mikroorganismen das Prinzip der Adaptation bekannt: Die Bildung vorher nicht vorhandener Enzyme wird durch das Substrat induziert. In Abwesenheit dieses Substrats sind die für die Enzymsynthese zuständigen DNA-Abschnitte im Genom durch ein Repressorprotein blockiert. Der Induktor (Substrat) verhindert die Repressorbindung an das Operatorgen: alle zum Abbau des Induktors nötigen Enzyme werden gebildet. Enzyminduktion gibt es auch in höheren Organismen, jedoch sind hier die bei der Genaktivierung wirksamen Mechanismen komplexer und häufig noch nicht ganz aufgeklärt.

Inhibitor

Enzyminhibitoren sind Hemmstoffe, die in niederer Konzentration spezifische biochemische Reaktionen hemmen. Man unterscheidet reversible und irreversible Inhibitoren. Viele Arzneimittel und Gifte wirken über eine Enzymhemmung.

Inkubationsansatz (Enzymansatz)

Ein bestimmtes Volumen einer Lösung definierter Zusammensetzung, in dem ein Enzym bei bestimmter Temperatur für eine bestimmte Zeit (Inkubationszeit) aktiv ist, d. h. das Substrat zu Produkt umsetzt.

Inkubationstemperatur

Enzymkatalysierte Reaktionen sind, wie chemische Umsätze überhaupt, abhängig von der Reaktionstemperatur. Eine Erhöhung der Temperatur um 10 °C steigert den Umsatz auf das etwa 2- bis 3fache. Auf Vorschlag der Enzymkommission werden die Enzymreaktionen meist bei 25 °C gemessen (Standardbedingung).

Halbwertszeit ($t_{1/2}$)

Unter biologischer Halbwertszeit versteht man den Zeitraum, in dem ein bestimmter Stoff zur Hälfte abgebaut oder ausgeschieden ist. Bei manchen von der Leber gebildeten Proteinen (Gerinnungsfaktoren, Plasmaenzyme) beträgt die Halbwertszeit nur wenige Stunden, für das Kollagen der Haut hingegen beträgt sie über 200 Tage.

Isoenzyme

In einem Organismus gleichzeitig nebeneinander vorkommende unterschiedliche Enzymproteine, die dieselbe Reaktion katalysieren und damit auch in der Regel dieselbe E. C.-Nummer haben. Da die spezifische Bestimmung von Isoenzymen (kinetisch, elektrophoretisch oder immunologisch) Hinweise gibt auf die Organherkunft von erhöhten Enzymaktivitäten im Serum, sind Isoenzyme diagnostisch von Bedeutung (z. B. LDH-Isoenzyme oder CPK-Isoenzyme).

Katabolismus

Körpersubstanz oder Nahrungsstoffe abbauende Reaktionsfolgen zur Energiegewinnung in Form von ATP. Gegensatz: Anabolismus.

Katal

Neue Maßeinheit für die Enzymaktivität: 1 Katal (kat) ist diejenige Enzymmenge, durch die in 1 s 1 mol Substrat umgesetzt wird. In der praktischen Enzymologie ist weiterhin bevorzugt die Einheit U: diejenige Enzymmenge, die je 1 min 1 µmol Substrat umsetzt. Der Umrechnungsfaktor beträgt damit 60 Mill.

Katalysator („Reaktionsbeschleuniger")

Katalysatoren setzen chemische Reaktionen in Gang und unterhalten sie, ohne dabei verbraucht zu werden. Sie setzen die Aktivierungsenergie einer Reaktion herab; z. B. Wasserstoff und Sauerstoff (Knallgas!) entzünden sich bei normaler Raumtemperatur nicht. Platin beschleunigt (katalysiert) diese Reaktion, in Gegenwart von Platin entzündet sich das Knallgas schon bei üblicher Raumtemperatur. Für alle lebenden Organismen (Tiere, Pflanzen, Bakterien) gibt es ca. 2 500 hochspezialisierte Eiweiße (Enzyme) als Katalysatoren für chemische Umsetzung (Stoffwechsel, Metabolismus).

Kinetik (Reaktionskinetik, Enzymkinetik)

Untersucht den zeitlichen Verlauf von chemischen Reaktionen und Enzymreaktionen, z. B. die Abhängigkeit der Enzymaktivität von verschiedenen Inkubationsbedingungen (Substratkonzentration, pH, Temperatur u. a.).

Kinine

Physiologisch und pharmakologisch stark wirksame Peptide, z. B. Kallidin und Bradykinin. Sie werden aus einem Plasmaglobulin (Kininogen) durch die Protease Kallikrein freigesetzt. Kinine bewirken Gefäßerweiterung, Schmerz, Schwellung durch Erhöhung der Kapillarpermeabilität usw. Wechselbeziehungen des Kininsystems bestehen zu Gerinnung und Fibrinolyse und zu den Katecholaminen.

K_m (siehe Michaelis-Konstante)

Komplement

Plasmaproteinsystem mit enzymatischer Aktivität, bestehend aus mindestens neun Faktoren, das in Zusammenarbeit mit dem Immunsystem Fremdzellen angreift und durch Auflösung der Zellmembran vernichtet.

Konformation (eines Enzyms)

Ein beispielsweise aus 100 Aminosäuren aufgebautes Protein kann unendlich viele Raumstrukturen einnehmen: von der langgestreckten Fadenform bis zur Kugelform eines globulären Proteins. Bei den Enzymen ist meist letztere verwirklicht: große Anteile der Polypeptidkette liegen als α-Helix vor, und die einzelnen Helixbereiche sind z. B. durch Disulfidbrücken so fixiert, daß die am Aufbau des aktiven Zentrums beteiligten Aminosäuren die richtigen Abstände zueinander bekommen. In der Regel ist nur eine bestimmte Konformation, die sog. native Konformation, die biologisch aktive Form eines Proteins.

Kooperativität

Ein Phänomen, das bei manchen Enzymen mit einer Quartärstruktur beobachtet wird, d. h. bei Enzymen, die aus mehreren Untereinheiten aufgebaut sind. Wenn die 1. Untereinheit ein Substrat gebunden hat, steigert sich die Affinität der übrigen Untereinheiten zum Substrat.

Beispiel: O_2-Beladung des Hämoglobins. Kooperative Enzyme zeigen eine sigmoide Substratbindungskurve im Gegensatz zu der hyperbolen Substratbindungskurve der klassischen Michaelis-Kinetik.

Leitenzym

Wenn es darum geht, eine bestimmte Subzellulärfraktion in reiner Form darzustellen, so kann man das Ergebnis durch Elektronenmikroskopie kontrollieren. Viel genauer aber ist eine biochemische Kontrolle anhand der Leitenzyme (Marker-Enzyme). Das sind Enzymaktivitäten, die in nur jeweils einer Subzellulärfraktion vorkommen, z. B. für den Zellkern die NAD-Pyrophosphorylase, in Mitochondrien die Cytochromoxidase oder die Glutamatdehydrogenase, in Lysosomen die saure Phosphatase. Findet man nun in einer Zellkernpräparation eine auch nur geringe Glutamatdehydrogenase-Aktivität, so ist diese Kernfraktion noch mit einigen Mitochondrien verunreinigt.

Lineweaver-Burk-Plot

Eine graphische Methode zur Auswertung enzymkinetischer Meßdaten. Im Gegensatz zum Michaelis-Menten-Diagramm, wo bei der Auftragung von v gegen s eine Hyperbel erhalten wird, erhält man bei der von L. und B. empfohlenen Auftragung von 1/v gegen 1/s eine Gerade zur präzisen Ermittlung von V_{max} und K_m. Der Lineweaver-Burk-Plot eignet sich weiterhin besonders zur kinetischen Unterscheidung reversibler Enzymhemmtypen.

Meßgröße (bei Enzymreaktion)

Ist das Substrat, Produkt oder Folgeprodukt (z. B. durch Einschalten von Hilfsenzymen), das in dem jeweiligen Inkubationsansatz mit genügender Präzision gemessen werden kann. Besonders häufig als Meßgröße verwendet wird das $NADH_2$ mit seiner charakteristischen UV-Extinktion bei der Wellenlänge 340 nm.

Metabolismus

Zwischenstoffwechsel bei fast allen Stoffwechselreaktionen in Stoffwechselketten und Stoffwechselzyklen, unabhängig davon, ob sie aufbauender Natur (Anabolismus) oder dem energieliefernden abbauenden Stoffwechsel (Katabolismus) zugerechnet werden.

Michaelis-Konstante (K_m)

Diejenige Substratkonzentration in mol/l, bei der ein bestimmtes Enzym mit einem bestimmten Substrat seine halbmaximale Geschwindigkeit erreicht. Die Michaelis-Konstante sagt etwas aus über die Affinität zwischen Enzym und

Substrat; über den absoluten Wert der tatsächlichen Umsatzgeschwindigkeit gibt sie keine Auskunft.

Multienzymkomplex

Manche Enzymsysteme, die mehrstufige Reaktionsabläufe katalysieren, liegen als großmolekularer Verband vor (z. B. die Fettsäuresynthetase, die Pyruvatdehydrogenase). Mehrere Enzyme, jeweils individuelle Proteine, sind morphologisch eng miteinander verzahnt, was ein optimales Zusammenspiel erlaubt. Ein Zerlegen eines Multienzymkomplexes in die Einzelproteine führt häufig zum Verlust der Gesamtaktivität.

Optimierte Enyzmtests

Von der Deutschen Gesellschaft für Klinische Chemie empfohlene Bestimmungsmethoden mit großer Aktivität und Stabilität des zu messenden Enzyms mit besonders großer Präzision.

Optischer Test

Warburg entdeckte 1935, daß sich die Coenzyme NAD und NADP (damals DPN und TPN genannt) oxidiert bzw. reduziert in ihrem Absorptionsspektrum unterscheiden. Beide haben im reduzierten Zustand eine spezifische Extinktion bei 340 nm Wellenlänge. Da der Coenzymumsatz proportional ist zu dem des Substrats (daher Cosubstrat), kann man die optisch leicht meßbare Zu- oder Abnahme an Coenzym gleichsetzen mit Ab- bzw. Zunahme von Substrat. Viele Substrate oder Enzyme, an deren Reaktion Pyridinnukleotide beteiligt sind, können so im „optischen Test“ schnell und genau gemessen werden. Reaktionen, an denen solche Umsetzungen nicht beteiligt sind, werden häufig durch den „gekoppelten optischen Test“ meßbar, wo NAD oder NADP-umsetzende Hilfsenzyme das primäre Reaktionsprodukt als Substrat verwenden.

pH-Optimum

Bedingt durch die Ampholytnatur der Proteine zeigen Enzyme, abhängig vom pH, unterschiedliche elektrische Ladung und auch unterschiedliche Aktivität. Die katalytische Wirkung eines Enzyms ist am pH-Optimum am größten, bei höheren und niedrigeren pH-Werten nimmt sie meist ab; manchmal findet man aber auch eine plateau-ähnliche Kurve. Die typische pH-Abhängigkeits-Kurve eines Enzyms zeigt meist Glockenform.

Präzision (von Enzymmethoden)

Für alle klinisch-chemischen Bestimmungen ist eine permanente Qualitätskontrolle gesetzlich vorgeschrieben. Kontrolliert werden Richtigkeit und Präzision. Das Maß für die Präzision ist der Variationskoeffizient (VK), der die Standardabweichung der Methode in Prozent vom Mittelwert angibt. Bei Enzymaktivitätsbestimmungen darf der VK in einer Serie von 20 Bestimmungen an 20 aufeinanderfolgenden Tagen 10% nicht übersteigen.

Primärstruktur

Bezeichnet die Reihenfolge der Aminosäuren in einem Protein, wobei die N-terminale Aminosäure die Ziffer 1 bekommt. Wird ein solcher Polypeptidfaden im Laboratorium synthetisiert, so nimmt er die funktionell richtige Sekundär- und Tertiärstruktur in wäßriger Lösung spontan ein.

Produkt (einer Enzymreaktion)

Den bei einer enzymatisch katalysierten Reaktion sich verbrauchenden Stoff nennt man Substrat, den neu entstehenden Stoff das Produkt.

Produkthemmung

Bei einigen Enzymen wird die katalytische Aktivität gehemmt, wenn sich das Reaktionsprodukt in der Enzymlösung anhäuft. In diesen Fällen wird nur die Anfangsgeschwindigkeit (v_0) für die Berechnung der Enzymaktivität herangezogen.

Proenzym (vgl. Zymogen)

Manche Enzymproteine, vor allem Proteasen, werden am Bildungsort als biologisch inaktive geradkettige Proteinkette synthetisiert. Diese Proenzyme werden, in Sekretgranula eingepackt, in den Zellen gespeichert, auf ein spezifisches Signal freigesetzt und erst danach durch begrenzte Proteolyse in das aktive Enzym umgewandelt.

Prosthetische Gruppe

Viele Enzyme sind ausschließlich aus Aminosäuren aufgebaut. Durch die vorgegebenen Primär-, Sekundär- und Tertiärstrukturen werden die am aktiven

Zentrum beteiligten Aminosäuren-Seitenketten in die richtige Konstellation gebracht, um Substrat zu binden und um die katalytische Wirkung zu entfalten. Manche Enzyme benötigen zusätzlich Cofaktoren von Nichtproteincharakter: dissoziale Coenzyme (z. B. ATP, NAD oder CoASH). Andere Enzyme binden ihre reaktive Gruppe als sogenannte prosthetische Gruppe chemisch fest, kovalent (z. B. Biotin oder Häm).

Protein

Aus α-Aminosäuren mit der allgemeinen Strukturformel $H_2N\text{-}\overset{R}{C}H\text{-}COOH$ bilden sich unter Wasseraustritt Peptide $H_2N\text{-}\overset{R}{C}H\text{-}CO\text{-}NH\text{-}\underset{R}{C}H\text{-}COOH$. Je nach der Zahl der Aminosäuren spricht man von Di-, Tri-, Oligo- oder Polypeptiden. Letzte sind als Bausteine und Katalysatoren in der belebten Welt weit verbreitet und werden meist als Proteine bezeichnet.

Proteolyse

Proteolyse bezeichnet die enzymatisch katalysierte Hydrolyse von Protein, wobei zunächst Oligopeptide und Polypeptide entstehen. Durch Pepsinabbau entstehende undefinierte Peptidgemische bezeichnet man als Pepton.

Proteolyse (begrenzte oder limitierte)

Manche Enzyme, vor allem aus der Klasse der Proteasen, entstehen an ihrem Bildungsort als längerkettiges Protein ohne biologische Aktivität (Proenzym). Durch eine gezielte Hydrolyse spezifischer Peptidbindungen (begrenzte Proteolyse) entsteht daraus das aktive Enzym (Beispiel: Pepsinogen zu Pepsin, Prothrombin zu Thrombin). Auch bei Nichtenzymen gibt es dieses Phänomen (Beispiel: Fibrinogen zu Fibrin, Prokollagen zu Kollagen).

Qualitätskontrolle (in der klinischen Chemie)

Gesetzlich vorgeschriebene, permanente Kontrolle der quantitativen klinisch-chemischen Methoden. Kontrolliert werden müssen die Präzision (in jeder Analysenserie) und die Richtigkeit (in jeder 4. Analysenserie).

Regulatorisches Zentrum („regulatory site")

Bindungsort am Protein für den Effektor bei allosterisch kontrollierten Enzymen. Effektorbindung führt zur Konformationsänderung am Enzym und damit zu Aktivierung oder Hemmung. Das regulatorische Zentrum kann unter Umständen blockiert oder zerstört werden, ohne daß die katalytische Wirkung des Enzyms darunter leidet. Das regulatorische Zentrum sitzt an einer anderen Stelle (allosterisches Zentrum) als die Substratbildungsstelle (aktives Zentrum).

Renaturierung

Zahlreiche physikalische oder chemische Einflüsse führen zur Denaturierung und damit zur Inaktivierung von Enzymen. So werden bei Zugabe hoher Harnstoffkonzentrationen Wasserstoffbrücken gelöst, durch Mercaptoethanol werden essentielle Disulfidbrücken gespalten usw. Häufig werden die Enzyme durch solche Behandlung sogar wasserunlöslich. Wird durch Dialyse der Harnstoff entfernt und werden durch vorsichtige Oxidation die Disulfidbrücken wieder geknüpft, so kann es gelingen, die Denaturierung reversibel zu gestalten: man spricht von Renaturierung.

Repression

Unter Repression versteht man die Unterdrückung der Bildung gewisser Enzyme in anabolen Reaktionsketten; meist dient das Endprodukt eines solchen Stoffwechselweges als Repressor. So werden unnötige Syntheseleistungen unterbunden. Der vom Regulatorgen kodierte Repressor, ein allosterisches Protein, kann nicht blockierend am Operatorgen angreifen: die Syntheseenzyme werden gebildet. Kommt es nun aber zu übersteigerter Produktion, so lagert sich das Endprodukt als Korepressor an das Repressorprotein an, das nun sofort als Holorepressor mit dem Operatorgen reagiert – die weitere Enzymsynthese wird eingestellt (vgl. Induktion). Induktion und Repression der Enzymsynthese werden gemeinsam als Enzymadaptation zusammengefaßt.

Richtigkeit (von Enzymtests)

Begriff aus der gesetzlich vorgeschriebenen Qualitätskontrolle bei klinischen Enzymbestimmungen (vgl. Präzision). Die Richtigkeit ist nur bedingt abhängig von der Präzision; man kann auch immer „präzise" denselben falschen Aktivitätswert finden. Die Richtigkeit einer Enzymaktivitätsbestimmung muß in der klinischen Enzymologie innerhalb ± 20% vom Sollwert einer Kontrollprobe liegen.

Rückkopplung

Unter Rückkopplung versteht man in der Enzymologie die Regulation der Aktivität eines Enzyms/einer Enzymkette, wobei Endproduktanhäufung zur Hemmung (negative Rückkopplung), Endproduktmangel zur Aktivierung (positive Rückkopplung) führt.

S

Häufig zur Angabe der molaren Konzentration, auch [S], ist die in der Enzymkinetik übliche Abkürzung für die Substratkonzentrationen bzw. für das Substrat.

„Schlüssel-Schloß-Modell"

Als Emil Fischer sich um 1900 mit der Chemie und Biochemie der Zucker beschäftigte, stellte er fest, daß alle Glykoside durch Säuren beim Erwärmen gespalten werden. Glykosid-spaltende Enzyme sind sehr viel effektiver, aber sehr substratspezifisch. Emulsin spaltet nur glykosidisch gebundene β-Glucose, Lactase nur gebundene β-Galaktose. Fischer folgerte: Enzym und Substrat müssen zueinander passen wie der Schlüssel zum Schloß. Dieses Modell für die Substratspezifität wird heute ergänzt durch das Induced-fit-Modell.

Schrittmacherenzym

Das in einer mehrstufigen Reaktionskette durch seine relativ niedrige Reaktionsgeschwindigkeit den gesamten Durchgang bestimmende Enzym (schwächste Glied einer Kette). An ihm greifen Regulationsmechanismen an im Sinne positiver bzw. negativer Rückkopplung.

Sekundärstruktur

Ein fadenförmiges Polypeptid nimmt, wenn es in wäßrige Lösung gebracht wird, eine bestimmte Raumstruktur ein. Sehr verbreitet ist die von Pauling 1951 entdeckte α-Helix, bei der es zu einer spiralförmigen Aufwicklung kommt mit 3,6 Aminosäureresten je Windung. Diese α-Helix ist durch Wasserstoffbrücken optimal stabilisiert; diese Struktur findet sich auch in vielen nativen Proteinen. Nicht verträglich mit der α-Helix-Struktur ist ein Vorkommen der Aminosäure Prolin; hier kommt es immer zu einer Unterbrechung der Helixstruktur. Eine andere häufig auftretende Form der Sekundärstruktur ist das sog. Faltblatt, wobei parallel oder gegenläufig (antiparallel) liegende Peptidketten, regelmäßig abgeknickt, ebenfalls durch Wasserstoffbrücken stabilisiert werden.

Serinprotease

Zahlreiche Proteasen des menschlichen Organismus (z. B. Trypsin, Chymotrypsin, viele Gerinnungsfaktoren) enthalten in ihrem aktiven Zentrum einen Serinrest, der für Substratbindung und nachfolgende Hydrolyse wichtig ist. Bestimmte Gifte, vor allem Organophosphate, binden bevorzugt an diesen Serinrest, viele andere Serinseitenketten bleiben unberührt. Phosphorylierte Serinproteasen sind gehemmt, also katalytisch dann völlig inaktiv.

SI-Einheiten

Nach einer internationalen Übereinkunft sollen ab 1979 in den quantitativ messenden Wissenschaften nur noch die im „Système International" (SI) definierten Meßgrößen verwendet werden. Die 1961 von der Enzyme Commission definierte internationale Enzymeinheit IU (1 µmol Substrat je 1 Minute) soll ersetzt werden durch das Katal (1 mol Substrat je 1 Sekunde).

Spezifische Aktivität

Der Quotient aus Enzymaktivität und Proteinmenge, meist angegeben als Einheiten je 1 mg Protein.

Standardbedingungen (von Enzymaktivitätsbestimmungen)

Die Aktivität eines Enzyms hängt von vielen verschiedenen Faktoren ab, u. a. von

- Substratkonzentration
- Inkubationstemperatur
- pH-Wert
- Art des Puffers
- Ionenmilieu
- Coenzymkonzentration
- Aktivatoren/Inhibitoren.

Früher wurde versucht, diese Faktoren jeweils optimal im Inkubationsansatz während der Inkubationszeit zusammenzustellen. Da dies nicht immer möglich ist (z. B. sind viele Enzyme bei der optimalen Inkubationstemperatur instabil), hat man die meisten Inkubationsbedingungen standardisiert und nicht optimiert (z. B. Inkubationstemperatur auf 25 °C).

Stöchiometrie

Chemische Stoffe reagieren miteinander in bestimmten konstanten Gewichtsverhältnissen. Wird als Gewichtseinheit das Mol (Molekulargewicht in Gramm) der reagierenden Stoffe verwendet, ergeben sich ganze Zahlen, meist 1:1, eventuell 1:2, 1:3 und mehr. Substrate und Coenzyme bei Enzymreaktionen reagieren meist im Verhältnis 1:1. Dies bildet die Grundlage des optischen Tests: beim Umsatz von 1 µmol Substrat wird auch 1 µmol $NADH_2$ umgesetzt: Meßgröße bei 340 nm für viele klinische Enzymtests.

Substrat

Ein Stoff, der umgesetzt wird zu einem oder mehreren Produkten: $S \rightarrow P$. Diese Umsetzung kann von allein (spontan) erfolgen oder beschleunigt werden durch einen Katalysator, z. B. durch ein Enzym: $S \xrightarrow{E} P$.

Substratsättigung

in der Enzymologie bedeutet nicht, daß die Enzymlösung mit Substrat gesättigt ist, sondern daß alle vorhandenen Enzymmoleküle als Enzym-Substrat-Komplex vorliegen. Die Substratkonzentrationen liegen hierbei etwa in der Größenordnung von 10^{-2}–10^{-6} mol/l. Für Enzymaktivitätstests wird als Standardbedingung eine Substratsättigung durch 10–100fachen K_m-Wert erreicht.

Substratspezifität

Im Gegensatz zu den Katalysatoren der anorganischen oder organischen Chemie zeigen die Enzyme eine hochgradige Spezifität hinsichtlich ihres Substrats und ihrer Wirkung. β-Glucosidasen haben keinerlei Wirkung auf α-glucosidische Bindungen – Emil Fischer entwickelte daraus das „Schlüssel-Schloß-Modell“ für die Enzym-Substrat-Beziehung. Bei manchen Enzymen ist die Substratspezifität weniger stark ausgeprägt; Carboxypeptidase A spaltet praktisch jede Peptidbindung; Alkoholdehydrogenase oxidiert außer Äthanol auch andere primäre und sogar sekundäre Alkohole.

Subzellulärfraktionierung

Vor nicht sehr langer Zeit hat man erkannt, daß nicht alle Enzyme einer Zelle gleichmäßig im Zellraum verteilt sind, sondern sich meist auf gewisse Subzellulärräume beschränken. So kommen z. B. die Glykolyseenzyme im Zytosol, die des Zitratzyklus in den Mitochondrien vor. Will man nun z. B. ein bestimmtes Enzym aus dem Zitratzyklus anreichern, so ist es zweckmäßig, nicht von rohen Organhomogenaten auszugehen, sondern vorher eine Mitochondrienisolierung durchzuführen. Hierzu erfolgt eine vorsichtige Homogenisierung. Nach Abtrennung der Zellkerne durch niedertouriges Zentrifugieren wird das Homogenat in einem Saccharose-Dichtegradienten zentrifugiert, wobei sich Mitochondrien, Mikrosomen, Synaptosomen usw. in verschiedenen Ebenen anreichern aufgrund ihres spezifischen Gewichts und so isoliert werden können.

Sulfhydrylgruppe

Bei einer größeren Anzahl von Enzymen ist die katalytische Aktivität abhängig von einer freien HS-Gruppe, die aus der Seitenkette eines polypeptidgebundenen Cysteins stammt. Hier erfolgt die Bindung des Substrats zum Enzym-Substrat-Komplex. Solche HS-Gruppen im aktiven Zentrum sind leicht hemmbar durch Oxidation oder Reaktion mit Schwermetallen. Experimentell können sie irreversibel ausgeschaltet werden mit sogenannten SH-Reagenzien: Jodessigsäure oder organische Quecksilberverbindungen.

Temperaturoptimum

Auch enzymatisch katalysierte Reaktionen unterliegen der RGT-Regel: eine Erhöhung der Reaktionstemperatur bringt eine 2- bis 3fach höhere Reaktionsgeschwindigkeit. Das gilt meist im Bereich von 0° bis ca. 40 °C. Nach Durchschreiten eines Maximums (Optimum) kommt es dann durch die Proteindenaturierung meist zu einem steilen Abfall; die meisten Enyzme sind oberhalb 40, 50 oder 60 °C denaturiert und damit ohne Aktivität.

Tertiärstruktur

Unter „Sekundärstruktur“ war beschrieben worden, daß ein in wäßrige Lösung gebrachter Polypeptidfaden spontan in eine „höhere“ Konformation übergeht, meist die α-Helix oder Faltblattstruktur. Bei Vorkommen von Prolinresten macht eine α-Helix einen Knick; die meisten Proteine sind dadurch globulär (kugelförmig). Zahlreiche Mechanismen, z. B. Ionenbindung, Disulfidbrükken, Wasserstoffbrücken, hydrophobe Wechselwirkung unterstützen den Erhalt dieser biologisch aktiven, nativen Struktur, deren Bildung spontan erfolgt.

Thermodynamik (Energetik, Bioenergetik)

untersucht die Gleichgewichtslagen chemischer Reaktionspartner und die Energieveränderung, die bei der Einstellung dieser Gleichgewichte eintreten ohne (!) Berücksichtigung der tatsächlichen Reaktionsgeschwindigkeit (Kinetik).

Trivialname

Früher war es in der Chemie und Biochemie üblich, daß der Entdecker einer Substanz dieser mehr oder minder willkürlich einen Namen gab. Aus dieser Zeit datieren Namen wie Ptyalin, Pepsin, Trypsin. Später wurde es üblich, für Enzymbezeichnungen das umgesetzte Substrat mit der Endung -ase zu versehen: Beispiele sind Amylase, Laktase, Lipase, Fruktokinase. Beide Nomenklatursysteme sind mit den neuen E. C.-Regeln nicht im Einklang, werden aber immer noch gebraucht, da die E. C.-Namen z.T. sehr kompliziert sind.

Turnover number (Wechselzahl, molekulare Aktivität)

Sie gibt an, wie viele Substratmoleküle von einem Enzymmolekül in einer Minute umgesetzt werden können. Nach den SI-Regeln wird der Umsatz auch je Sekunde angegeben.

Unit (I. U., U, internationale Enzymeinheit)

wurde 1964 von der Enzyme Commission festgelegt als diejenige Enzymmenge, die unter standardisierten Bedingungen (pH, Cofaktoren, Substratkonzentration) in 1 min 1 µmol Substrat umsetzt. Die entsprechende SI-Einheit ist das Katal; in der praktischen Enzymologie wird die Einheit U bevorzugt.

Untereinheit

Die meisten Proteine bestehen aus einem einzigen fadenförmigen Polypeptid mit einem NH_2-Anfang und einem COOH-Ende. Dies gilt auch für die meisten Enzyme. Manche Proteine bestehen aber aus mehreren, häufig auch identischen Untereinheiten („subunits“), deren Zusammenspiel für die Gesamtfunktion des Proteins nötig ist. Beispiele sind Hämoglobin (4 Untereinheiten), LDH (4 Untereinheiten), CPK (2 Untereinheiten).

v

In der Enzymkinetik übliche Abkürzung für die Reaktionsgeschwindigkeit.

V_{max}

ist ein enzymkinetischer Parameter und bedeutet die Maximalgeschwindigkeit, die erreicht wird, wenn das Enzym mit Substrat gesättigt ist.

Wirkungsspezifität

Im Gegensatz zu den Katalysatoren zeigen die Enzyme eine hochgradige Spezifität in bezug auf das Substrat und die dann einzuschlagende Reaktionsrichtung. So gibt es eine ganze Reihe von Enzymen, für die Glucose-6-phosphat das spezifische Substrat ist. Alle haben aber eine unterschiedliche Wirkung.

Zymogen

Ältere Bezeichnung für Proenzym. Eine inaktive Enzymvorstufe, die durch limitierte Proteolyse aktiviert wird.

Weiterführende Literatur

Ahlers J., Arnold A., van Döhren R., Peter H. W. (1982)
Enzymkinetik.
Fischer, Stuttgart

Aldridge W. N., Reiner E. (1972)
Enzyme inhibitors as substrates.
North Holland, Amsterdam

Barman T. E. (1969/1974)
Enzyme handbook, vols 1, 2, Suppl. 1.
Springer, Berlin, Heidelberg, New York

Bergmeyer H. U. (ed) (1984) wird fortgesetzt.
Methods of enzymatic analysis, vols 1–4.
VCH Verlagsgesellschaft, Weinheim

Bisswanger H. (1973)
Theorie und Methoden der Enzymkinetik.
VCH Verlagsgesellschaft, Weinheim

Blume P., Freier E. F. (1974)
Enzymology in the practice of laboratory medicine.
Academic Press, New York, London

Boyer P. D. (ed) (1970–1976)
The enzymes, vols 1–13, 3rd edn.
Academic Press, New York, London

Brodbeck U. (Hrsg.) (1980)
Enzyme Inhibitors.
VCH Verlagsgesellschaft, Weinheim

Chary T.M.S. (ed) (1977)
Biomedical applications of immobilized enzymes
and proteins.
Plenum Press, New York

Christensen H. N., Palmer G. A. (1974)
Lehrprogramm Enzymkinetik.
VCH Verlagsgesellschaft, Weinheim

Colowick S. P., Kaplan O. (eds) (1955–1984)
Methods in enyzmology, vols 1–106 wird fortgesetzt.
Academic Press, New York

Cornish-Bowden A. (1979)
Fundamentals of enzyme kinetics.
Butterworth, London, Boston

Dixon M., Webb E. C. (1979)
Enzymes.
Longman, London

Fritz H., Tschesche H., Greene L. J., Truscheit E.,
(eds) (1974)
Proteinase inhibitors.
Springer, Berlin, Heidelberg, New York

Goedde H. W., Doenicke A., Altland K. (1967)
Pseudocholinesterasen.
Springer, Berlin, Heidelberg, New York

Goodwin T. W., Harris J. I., Hartley B. S. (eds) (1964)
Structure and activity of enzymes.
Academic Press, New York

Heilbronn E. (ed) (1967)
Structure and reactions of DFP sensitive enzymes.
Försvarets Forskningsanstalt, Stockholm

Meister A. (ed) (1984) wird fortgesetzt.
Advances in enzymology, vol. 1–55.
Wiley, New York

Meyer-Bertenrath J. G. (1976)
Enzymdiagnostik.
Medizinische Verlagsgesellschaft, Marburg

Müller L. (1985)
Microbial Glycosidase Inhibitors.
in Biotechnology Vol. 4
VCH Verlagsgesellschaft, Weinheim

Pfaender P. (1982)
Enzyme.
Bezugsquellen – Daten – Eigenschaften.
Fischer, Stuttgart, New York

Schmidt E., Schmidt F. W. (1981)
Kleine Enzym-Fibel.
Boehringer, Mannheim
(Schriftenreihe Diagnostica)

Segel I. H. (1975)
Enzyme kinetics.
Wiley, New York

Seiler N., Jung M. J., Koch-Weser J. (eds) (1978)
Enzyme-activated irreversible inhibitors.
Elsevier, Amsterdam

Thomas L. (Hrsg.) (1984)
Labor und Diagnose.
Medizinische Verlagsgesellschaft, Marburg

Truscheit, E., Frommer W., Junge B., Müller L., Schmidt D. D.,
Wingender W. (1981)
Chemie und Biochemie mikrobieller α-Glucosidase-Inhibitoren
Angew. Chemie **93,** 738–755

Vogel R. (1984)
Natürliche Enzym-Inhibitoren.
Thieme, Stuttgart

Webb J. L. (1963)
Enzyme and metabolic inhibitors.
Academic Press, New York

Weber G. (ed) (1969–1984) – wird fortgesetzt.
Advances in enzyme regulations, vols 1–23.
Pergamon, London, New York

Wilkinson J. H. (1976)
The principles and practice
of diagnostic enzymology.
Arnold, London

Wilkinson J. H. (1970)
Isoenzymes, 2nd edn.
Chapman & Hall, London

Wolf P. L., Williams D. (1973)
Practical clinical enzymology.
Wiley, New York, London

Wynn C. H. (1979)
The structure and function of enzymes.
Arnold, London

Register

Acarbose 137, 155
adaptive Enzymbildung 103
Affinitätschromatographie 159
aktives Zentrum 53, 59, 159
Aktivierungsenergie 61, 159
Allosterie 77, 159
allosterische Enzymregulation 104
Ammoniumsulfatfällung 160
Amylase 11
Amylasehemmstoffe 137
Anabolismus 160
Anfangsgeschwindigkeit 88, 160
Angiotensin 116
Apoenzym 160
Aprotinin 130, 142
Asparaginase 154
ATP 160
ATP-Synthese 58

Bluthochdruck 117
Bradykinin 116
Butyrylcholinesterase 90, 147

Cholestase 94
Coenzym 14, 45, 162
Coenzym-Antagonist 50
Cosubstrat 46, 162

Denaturierung 41, 162
Dextranase 154
Diagnostik 87

E. C. (Enzyme Commission) 161
E. C.-Nr. 19
Effektor 77, 162
EIA („enzyme immuno assay") 161
Eisenthal und Cornish-Bowden 66
Endoprotease 161
Enzym 6, 13
Enzymeinheit 23
Enzymhemmung,
  irreversible 125
  nichtkompetitive 133
Enzymimmunoassay (EIA) 90
Enzyminhibitoren, therapeutische 154
Enzymkaskade 146
Enzymklasse 14
Enzymkrankheiten 145
Enzymmodifikation 101, 107
Enzymologie,
  angewandte 11
Enzymprofile 93
Enzym-Substrat-Komplex 9, 65
Enzymsysteme,
  plasmaspezifische 90
Erbkrankheiten 150
Exons 97
Exoprotease 163

Feedback 161
Feinkontrolle 102
Ferment 6
Fließgleichgewicht 57, 163

gekoppelter optischer Test 31
Genübertragung 155
Genverdoppelung 97
Gleichgewichtseinstellung 15
Gleichgewichtskonstante 61
Glucosidasehemmstoffe 137, 155

Hämoglobin 73
Halbsättigung 103
Halbwertszeit 121, 165
Hanes 68
Hemmstoffe 125
Hemmtypen der Enzyminhibitoren 68
Hemmung 164
Herzinfarkt 93
Hilfsenzym 164
Hill-Koeffizient 76

Immobilisierung von Enzymen 155
Induced fit 53, 164
Induktion 102, 165
Inhibitoren 125
Inhibitorkonstante K_i 127
Inkubationstemperatur 165
Inkubationszeit 22
Introns 97

Isoenzyme 97, 166
Isolierung 38

Jacob-Monod-Modell 103

Kallikrein 111
Kallikrein-Kinin-System 90, 143
Katabolismus 166
Katal 34, 166
Katalysator 166
Katalysatortheorie 4
Kinine 167
Kininogen 116
Kininsystem 111
kinetische Substratbestimmung 90
kinetischer Test 34
Komplement 167
Komplementsystem 117
Konformation 77, 167
kooperative Substratbindung 72
Kooperativität 76, 167
Kreatinphosphokinase (CK) 92
K-Typ 80

Leitenzym 38, 168
Lineweaver und Burk 67
Lineweaver-Burk-Plot 168

Malabsorption 146
Maldigestion 146
Maximalgeschwindigkeit 64
Meßgröße 25
Michaelis-Konstante 64
Michaelis und Menten 7, 64
Multienzymkomplex 169

Nikotinamid-adenin-dinukleotid
(NAD) 26

optischer Test 27, 169
Oxidationswasser 46

Penicillinallergie 154
pH-Optimum 82, 169
posttranslational processing 40
Präzision 170
Produkthemmung 170
Proenzym 170
prosthetische Gruppe 46, 170
Protease 97
Proteasehemmer 98
Proteaseinhibitoren 140
Proteolyse 107
Proteolyse, begrenzte 179

Qualitätskontrolle 171

Radioimmunoassay (RIA) 90
Reaktion nullter Ordnung 24, 160
Regulation 101
Regulatorisches Zentrum 172
Renaturierung 41, 172
Renin 116
Repression 102, 172
reversible Hemmung 125
R-Form 105
Ribonuklease 9
Richtigkeit 172
Rückkopplung 173

Schlüssel-Schloß-Beispiel 53
Schrittmacherenzyme 102
sequentielles Modell 79
Serinprotease 174
SI-Einheiten 174
spezifische Aktivität 39, 174
Stammbaum der Enzyme 97
Standardbedingung 24, 174
Substratbestimmung 90
Substratkonzentration 64
Substratsättigung 175
Substratspezifität 53, 56, 175
Subzellulärfraktionierung 176
Superoxiddismutase 151
Symmetriemodell 79

Taketa und Pogell 76
Temperaturabhängigkeit 82
Temperaturoptimum 176
Tertiärstruktur 176
T-Form 105
therapeutische Bedeutung von
Enzymen 153
Thermodynamik 61
Trivialnamen 20
Turnover number (Wechselzahl) 177

Umsatzgeschwindigkeit 71

Untereinheit 73, 177
Urikase 154

Virushepatitis 93
Vitamin 48
V-Typ 81

Wechselzahl 72
Wirkungsspezifität 53
Woolf 68

Z-Punktmethode 34
Zymogene 139, 178